成事之道

王一◎著

U0932213

图书在版编目（CIP）数据

成事之道 / 王一著. -- 北京 : 中国商业出版社, 2025. 6. -- ISBN 978-7-5208-3399-8

Ⅰ. B80-49

中国国家版本馆 CIP 数据核字第 2025HQ1550 号

责任编辑：滕　耘

中国商业出版社出版发行
（www.zgsycb.com　100053　北京广安门内报国寺 1 号）
总编室：010-63180647　　编辑室：010-83118925
发行部：010-83120835/8286
新华书店经销
三河市冠宏印刷装订有限公司印刷
*
710 毫米 ×1000 毫米　16 开　10 印张　157 千字
2025 年 6 月第 1 版　2025 年 6 月第 1 次印刷
定价：39.80 元
* * * *
（如有印装质量问题可更换）

前言

探索成功之路，解锁成事智慧

在时代洪流中，每个人都在为梦想不懈奋斗，期望在各自的领域里留下深刻的印记。成功，这个被频繁提及却难以捉摸的概念，吸引着无数追梦者不断探索与实践。《成事之道》正是基于这样的背景，汇集了对成功者的深刻洞察与智慧精华，旨在引领每一位渴望突破自我的旅者，找到通往成功巅峰的钥匙。

成功，从来不是偶然。它背后隐藏着独特的思维逻辑与行事哲学。美国社会学家甘斯揭示，成功者之所以能够脱颖而出，很大程度上归功于他们开放的合作态度与对规则的深刻洞察。他们擅长在陌生人之间建立联系，共同创造前所未有的价值。

成功者之所以能够成功，关键在于他们如何面对运气与决策。他们深知，运气虽有其随机性，但通过持续地自我提升和敏锐地捕捉机遇，可以最大化运气的正面影响。决策，则是成功者展现智慧与远见的舞台。他们擅长跳出传统思维，以旁观者的视角审视问题，通过不断反思和审视自身判断，确保决策过程既全面又客观，从而在复杂多变的环境中保持稳定的发展步伐。

成功者还拥有一套独特的工具与生活习惯，这些看似简单的日常行为实际上是他们高效工作与生活的秘诀。他们擅长运用科技手段提升效率，如阅读行业最新资讯、使用高效的管理工具等，不断丰富自己的知识库与技能树。同时，成功者对自律有着近乎严苛的要求，他们明白，真正的自由源自内心的坚定与对外界的把控，这种自律精神使他们在面对诱惑与挑战时能够坚守初心，持续精进。

拥有智慧是成功者的又一关键特质。它不仅仅是知识的积累，更是知识与见识的融合。成功者深知，在这个知识爆炸的时代，唯有不断学习、勇于探索未知，才能保持竞争力，不被时代淘汰。他们以开放的心态拥抱变化，将每一次学习都视为自我超越的机会，从而在竞争中占据有利位置。

综上所述，本书不仅揭示了成功的秘诀，更是对个人成长与智慧提升的深刻探讨。愿每位读者都能从中获取灵感与力量，勇敢地在自己的领域里书写属于自己的辉煌篇章。

目录 Contents

第一章 谋局者远：成功者的战略视野

第二章 目标导向：成功者的成长航标

第三章 强执行力：成功者的行动哲学

第四章 创新为魂：成功者的变革之道

第五章 择善而交：成功者的社交艺术

第六章 情绪管理：成功者的内心修炼

第七章 智慧取舍：成功者的抉择艺术

第八章 自我精进：成功者的进阶之路

第一章

谋局者远：成功者的战略视野

在纷繁复杂的世界中，成功者之所以能成为引领潮流、开创未来的先锋，不仅在于他们卓越的技艺和深厚的底蕴，更在于他们超越常人、洞察未来的战略视野。这种视野，如同夜空中最亮的星，指引着成功者在迷雾中前行，在挑战中破局，在变革中引领。

第一节　预见未来：洞察趋势的敏锐之眼

在这个日新月异的时代，预见未来、把握趋势是成功者脱颖而出的关键。他们凭借敏锐的洞察力，可以提前捕捉到市场的微妙变化，从而作出正确的决策，引领潮流。然而，这种能力并非与生俱来，普通人同样可以通过系统的学习和实践来培养。

一、洞察趋势的底层逻辑

要想在纷繁复杂的世界中预见未来，把握先机，其背后离不开坚实的理论基础。理论构建不仅是成功者洞察趋势的起点，更是他们预见未来的稳固基石。

世界虽复杂多变，但其中蕴含着一定的规律和秩序。这些规律和秩序，无论是自然界的物理法则，还是社会领域的经济规律，都是人们可以把握和利用的。成功者通过深入学习和研究这些理论，不仅掌握了世界的本质和运行机制，还可以从中提炼出对未来具有指导意义的规律和趋势。

在构建理论体系时，成功者会强调跨领域知识的融合与整合。他们明白，现代社会的发展越来越呈现出跨学科、综合性的特点，单一学科的知识已经难以全面解释和预测复杂的社会现象。

1. 成功者善于打破学科壁垒

将各领域知识进行有机融合，可以形成更为完备且深刻的理论架构。这样的理论体系，不仅能够帮助成功者更好地认识世界，还可以为他们提供更为广阔的视野和更为丰富的思维方式，使他们在面对复杂问题时能够游刃有余。

2. 成功者具备批判性思维和创新精神

成功者勇于突破陈规，敢于踏入未知领域，持续推动理念向前发展，使之更为成熟与完善。理念并非一成不变，而是需要随着实践的发展不断更新和修正。成功者始终保持着敏锐洞察力和批判性思维，不断发现其中的问题和不足，进而进行修正和完善。

3. 成功者具备前瞻性的眼光

成功者善于从当前的社会现象中捕捉未来的趋势和机遇，通过深入分析和研究，形成对未来发展的准确预测。这种前瞻性的眼光，不仅来源于他们对理论的深刻理解和把握，更来源于他们对实践的深入洞察和敏锐感知。

此外，成功者在理念形成的过程中，还注重实践经验的积累和总结。他们深知，实践是检验真理的唯一标准。只有应用于实践，才能洞察理念存在的缺陷与短板，并据此进行调整与优化。

二、如何培养洞察趋势的敏锐之眼

在复杂多变的世界中，我们若想洞察趋势，预见未来，首要任务是培养自己洞察趋势的敏锐之眼。

1. 构建强大的情境意识，以便预见未来的趋势和变化

这要求我们必须具备对环境变化的敏锐洞察力，理解其本质并灵活调整从而适应。

（1）利用大数据、人工智能等技术手段，收集并分析行业、市场、竞争对手等各方面的数据，从中发现趋势和规律。

（2）广泛学习各领域知识，培育跨学科的思维方式，以提升对复杂多变环境的理解力与预见性。参与社群交流，与同行交流观点，获取多元化的信息和视角，拓宽视野，提高对未来趋势的敏感度。

2. 培养弹性思维，灵活应对变化

当面对变化时，我们应迅速转变策略，探索并实施新的解决方案。

（1）建立多元思维模型，学习并应用多种思维方法，以便在面对问题时能够从多个角度进行思考，找到最优解。实现快速迭代，在项目或任务中，不断试错、调整和优化，以适应环境的变化。

（2）构建有效的反馈体系，确保迅速收集并系统分析各方反馈，促进持续改进。同时，培养出色的问题解决技巧，学会将复杂难题拆解为若干小问题，逐一攻克，最终实现既定目标。

3. 强化自我认知，提升内在韧性

在遭遇挑战与压力之际，保持冷静乐观的心态至关重要。

（1）面对挑战和压力时，我们需要定期进行自我反思，了解自己的情绪、需求和动机，以便更好地调整心态和行为。

（2）学习并实践积极心理学中的技巧，培养积极的心态和情绪，增强面对挑战的信心和勇气。与亲人、友人或职场伙伴构建和谐的人际关系，积极寻求他们的援助与支持，携手应对挑战。

4. 持续学习与实践，迭代战略智慧

学习与实践是掌握任何技能的关键。

（1）确立清晰的学习目标，根据个人兴趣与实际需求，挑选最适合自己的学习方法。将所学知识应用于实际工作中，参与实战项目或创业活动，通过实践中的反馈和调整，不断完善自己的战略思维和能力体系。

（2）寻求导师指导，向经验丰富、见识广博的人请教和学习。他们的指导和建议可以帮助我们更快地成长和进步。与志同道合的人一起建立学习社群，共同分享知识、经验和资源，拓宽视野，提高学习效率。

预见未来、洞察趋势并非易事，但普通人同样可以通过系统的学习和实践来培养这种能力。通过拓宽视野、深入思考、实践应用和建立人脉与团队协作等多方面的努力，我们可以逐步提升自己的洞察力和判断力，成为领域中的佼佼者。

第二节　布局谋篇：构建成功的战略蓝图

在浩瀚的人生与企业征途中，那些能够引领潮流、开创时代先河的成功者，无一不是布局谋篇的高手。他们犹如航海家，手握罗盘，眼观星辰，以超凡的智慧和远见卓识，绘制出通往成功彼岸的精密航线。掌握这一能力，无疑将为我们的职业生涯和人生道路铺设一条通往成功的快车道。

一、布局谋篇的精髓与内涵

布局谋篇，本质上是一种全局性的思维方式，它要求我们在思考问题时，不仅要关注眼前的细节，还要超越局部视角，全面把握事物的本质特征及其演进规律。这种思考模式的核心在于其预见性、系统性、灵活性与适应性的考量。预见性意味着能够洞察未来趋势、提前布局；系统性要求将各个要素、各个环节纳入统一的框架中，进行统筹规划和协调；灵活性与适应性则是布局谋篇的动态保障。

1. 预见性是布局谋篇的前提和基础

成功者需具备敏锐的观察力与深刻的洞察力，以预见性为核心，敏锐捕捉不易察觉的细微变动，从而准确预测未来的发展趋势。这种能力的培养，需要成功者在日常生活中保持对周围环境的敏感和好奇，不断积累知识和经验，同时还擅长运用逻辑思维与批判性思维，对信息进行精细筛选、深度分析及有效整合。

2. 系统性是布局谋篇的关键和核心

系统性要求成功者在思考问题时，要站在全局的高度，将各个要素、各个环节纳入一个统一的框架中，进行统筹规划和协调。这种能力的培养，需要成功者具备一种全局性的视野和战略性的思维，可以跳出局部的限制，从整体上把握事物的本质和发展规律。

3. 灵活性与适应性是布局谋篇的动态保障

预见性和系统性为布局谋篇提供了坚实的基础和框架，灵活性与适应性体现在对风险的预见与管理上。成功者应能在布局之初就预见到可能遇到的风险和挑战，并提前制定应对措施。面对风险，可以迅速采取应对措施，有效控制损失，甚至能够巧妙地将危机转化为新的发展机遇。这种未雨绸缪、随机应变的能力，是成功者在不确定环境中保持竞争力的重要法宝。

系统性的构建，还需要成功者具备精细化的操作能力和执行力。在布局谋篇的过程中，成功者不仅要制定出一个科学合理的战略蓝图，还要能够将其细化为具体的行动计划，并付诸实施。这要求成功者具备严谨的态度和扎实的专业技能，能够确保战略蓝图在落地过程中不走样、不变形。

二、如何培养布局谋篇的能力

对于大多数人来说，培养布局谋篇的能力并非一蹴而就，而是需要经历一个长期的学习和实践过程。以下是一些具体的实操方法，可以帮助我们逐步提升自己的布局谋篇能力。

1. 广泛学习，积累知识

（1）广泛学习是提升布局谋篇能力的基础。我们应持续保持对知识的渴望与不懈追求，不断拓宽自身的知识范畴与认知的边界。在学习过程中，不仅要注重专业知识的积累，还要关注跨学科的知识和前沿动态，以便在构建战略蓝图时能够拥有更加丰富的素材和灵感。

（2）我们应当掌握将所学内容进行系统化、结构化整理与应用的能力。通过绘制知识图谱、记录读书笔记等手段，将分散的知识点有机串联，构建起个人独有的知识体系与思维架构。如此，在分析问题时便能更全面地洞察事物的本质，更深入地把握其发展脉络。

2. 深入思考，洞察本质

（1）深入思考是提升布局谋篇能力的关键。我们应该学会对问题进行深入剖析和反思，不断挖掘问题的本质和根源。在思考过程中，不仅要关注问题的表面现象和直接原因，还要运用逻辑思维和批判性思维，对问题进行多角度、多层次的分析和推理。

（2）我们需要培养将问题置于更宽泛的情境中进行全面审视的能力。通过对比不同领域、不同行业的经验和做法，寻找共性和规律，以便在构建战略蓝图时能够拥有更加开阔的视野和更加深刻的洞察力。

3. 实践锻炼，积累经验

（1）实践锻炼是提升布局谋篇能力的重要途径。我们应该积极参与各种实践活动，通过实际操作和亲身体验来检验自己的思维方式与战略蓝图是否可行。在实践过程中，不仅要注重结果的达成和效果的评估，还要关注过程中的问题和挑战，以便及时调整和优化自己的战略蓝图。

（2）我们应该学会从实践中总结经验教训和成功案例。通过反思自己的实践经历，提炼出其中的规律和经验，以便在未来的布局谋篇中能够更加熟练地运用这些规律和经验。此外，还可以借鉴他人的成功案例和先进经验，为自己的战略蓝图提供更为丰富的素材和参考。

4. 团队协作，共享智慧

（1）团队协作是提升布局谋篇能力的重要途径之一。我们应该积极参与团队合作和集体讨论，通过与他人交流和碰撞思想来拓宽自己的视野和思路。在团队协作中，不仅要注重个人的贡献和发挥，还要学会倾听他人的意见和建议，以便在构建战略蓝图时能够收获更多的智慧和灵感。

（2）在团队合作中，我们应懂得如何发挥个人的长处与专长。通过明确自己的角色和定位，与团队成员形成互补和协同的关系，共同推动战略蓝图的落地和实施。在团队协作中，还要注重沟通和协调能力的培养，以便在解决复杂问题和应对突发情况时能够更加从容和高效。

布局谋篇是一种全局性的思维方式，它要求我们具备预见性和系统性的能力。通过广泛学习、深入思考、实践锻炼和团队协作等方法，我们可以逐步提升自己的布局谋篇能力，并在职业生涯和人生道路上取得更加辉煌的成就。

第三节　顺势而为：适时变通的战略智慧

成功者之所以能在各自的领域屹立不倒，不仅是因为他们拥有高超的技能和深厚的底蕴，更是因为他们具备一种重要的战略智慧——顺势而为，适时变通。在快速变化的现代社会，唯有敏锐地把握时代趋势，灵活调整策略，方能在激烈的竞争中占据一席之地。

以三国时期的曹操为例，他堪称懂得“变通”的典型代表，他的故事生动地诠释了这一智慧。曹操是一位兼具卓越政治智慧与军事才能的权臣。在东汉末年那个动荡不安、群雄逐鹿的时代，曹操凭借其敏锐的政治洞察力与独到的军事视野，迅速崭露头角，实现了势力的崛起。

在军事上，曹操展现了他高超的变通能力。在一次出征张绣的军事行动中，曹操率领大军行进，途中恰好经过一片麦田。为了严明军纪，曹操颁布了一道严格的命令：任何士兵都不得践踏麦田，否则一律斩首。然而，就在队伍井然有序地行进时，曹操的坐骑却意外受惊，冲入了麦田之中，他立即意识到问题的严重性。按照军令，他应该被斩首示众，但这样做无疑会动摇军心。于是，他迅速作出了变通决策，割发代首，以示惩戒。这一举动既保全了自己的性命，又维护了军纪的严肃性。

此外，曹操还善于观察天象和地形，利用自然条件进行作战。他曾在官渡之战中，利用火攻和奇袭乌巢等战术，击败了袁绍的大军，展现了他卓越的战术运用和变通能力。

一、顺势而为与适时变通的深层解读

成功者的顺势而为，是深邃智慧与敏锐洞察力的结晶。他们在逆境中寻找转机，实现突破；在顺境中则能敏锐捕捉机遇，不断超越自我。这种能力首先体现在对时势的深刻洞察上。每个时代都有其独特的背景和发展趋势，只有准确理解这些趋势，才能找到属于自己的发展路径。

曹操的故事启示我们，在面对复杂多变的环境时，我们需要保持敏锐的洞察力，预见未来的趋势，并根据实际情况作出变通决策。只有这样，我们才能在竞争中立于不败之地。

顺应时势的智慧，根植于对“道”的深刻理解。道家哲学中的“无为而治”，并非倡导真正的无所行动，而是强调遵循自然法则，通过最小的外部干预来达成最优化的结果。在个人成长的道路上，这意味着我们要学会接受并适应环境的变化，而不是盲目地对抗或逃避。正如河流因势利导方能奔腾不息，人生亦需顺应时势，方能行稳致远。

一方面，适时变通，灵活调整，以变应变。适时变通，是在顺应大势的基础上，根据具体情况作出灵活调整的能力。它要求我们在坚持原则的同时，不失灵活性，可以在遇到阻碍或挑战时，迅速找到新的路径，继续前行。适时变通并非毫无原则的妥协，而是一种智慧的妥协，是在保证目标不变的前提下，调整策略和方法，以更有效地实现目标。

适时变通的智慧，体现了对“变”的深刻理解。成功者之所以能够在变化中保持领先，是因为他们具备高度的适应性和创造力，能够在变化中寻找机遇，将挑战转化为成长的契机。正如《易经》所言：“穷则变，变则通，通则久。”适时变通，正是我们应对变化、实现持续发展的关键。

另一方面，战略智慧，内外兼修，知行合一。顺势而为与适时变通，共同构成了成功者的战略智慧。这种智慧，既是对外部环境的敏锐感知和灵活应对，也是对内心世界的深刻洞察和有效管理。成功者之所以能够做到这一点，是因为他们实现了内外兼修，将个人修养与战略思维紧密结合，形成了独特的竞争优势。

在内在修养方面，成功者往往具备高度的自我觉察能力和情绪管理能力，能在面对压力和挑战时保持冷静和理性，作出更加明智的决策。在外在战略方面，他们善于运用各种资源和工具，制订并实施有效的战略计划，确保个人目标与环境变化保持一致。内外兼修，使得成功者在纷繁复杂的环境中持续保持敏锐的思维与扎实的行动节奏。

二、灵活变通，应对挑战

在人生的旅途中，面对起伏不定的挑战，有些人选择随波逐流，最终湮没在茫茫人海中；而另一些人，则能洞察时机，机敏应变，如同驾驭风浪，稳健地驶向成功的彼岸。以下是我们如何培养这种战略智慧的实操方法。

1. 敏锐洞察，预见未来

首先，我们需要对周围环境保持高度的敏锐度，并能预见未来的趋势。这要求我们密切关注行业动态与市场走向，同时也要具备提炼核心信息的能力，以构建个人独有的知识体系。

我们可以设定固定的时间，如每周或每月，进行信息收集与分析，包括政策变化、市场趋势、竞争对手动态等。同时，选择高质量的报告、论文或书籍进行深入阅读，提炼出对未来趋势的见解，并将这些信息点进行关联，构建出行业发展的脉络图，从而更清晰地看到未来的走向。

2. 灵活应变，创新驱动

在快速变化的环境中，适应性和创新能力显得尤为重要。我们需要学会在不确定中寻找机会，快速调整策略，甚至创造新的解决方案。这可以通过模拟与演练来实现，无论是脑海中的想象还是实际中的操作，都能提升我们应对突发情况的能力。

同时，跨界学习也是激发创新思维的有效途径，它可以拓宽我们的视野，迅速找到解决问题的新角度。在项目实施过程中，鼓励快速迭代，及时收集反馈，不断优化方案，这将有助于我们更快地适应变化，提升创新能力。

3. 自我认知，情绪管理

在遭遇挑战与压力的时刻，保持冷静与积极的心理状态是至关重要的。我们需要了解自己的优势和局限，学会在压力下保持最佳状态。为此，我们可以尝试记录自我反思日记，每天或每周记录自己的感受、成就和挑战，分析自己的情绪变化，找到改进的方向。同时，学习并实践如深呼吸、冥想等情绪管理技巧，帮助自己在紧张或焦虑时保持冷静。

顺势而为与适时变通的战略智慧，是我们在复杂多变的世界中立足并脱颖而出的关键。通过培养敏锐的洞察力、提升灵活应变能力、加强内心修养以及实践与迭代等，我们能够逐渐领悟这种智慧，成为人生的佼佼者，撰写自己独一无二的辉煌篇章。

第四节 逆境破局：困境中的战略突围

逆境，对于任何人或组织而言，都是一场严峻的考验，它考验着个体的智慧、决心和应变能力。然而，正是这些挑战，塑造了真正的成功者，他们在逆境中不仅生存下来，更实现了飞跃式的成长。

在宋朝时期，我国的陶瓷产业遭遇了前所未有的考验与难题。北方定窑、汝窑等名窑因战乱频繁、资源枯竭而逐渐衰落，南方瓷业虽相对稳定，但也面临着技术瓶颈和市场竞争的双重压力。在这样的逆境中，景德镇瓷业凭借其独特的战略眼光和创新精神，实现了困境中的战略突围。

景德镇位于江西东北部，拥有丰富的瓷土资源和便利的水路交通，但起初，它并未在瓷器业中占据显著地位。面对北方瓷业的衰落和南方瓷业的激烈竞争，景德镇瓷业没有选择跟随传统，而是选择了创新。

窑匠们首先改进了制瓷工艺，引入了新的釉料和烧制技术，使景德镇瓷器在色泽、质地和造型上都有了质的飞跃。同时，景德镇瓷业还注重市场调研，根据消费者需求调整产品种类和设计风格，逐渐形成了自己独特的品牌特色。

在营销策略上，景德镇瓷业也展现出了非凡的智慧。他们利用水路交通的便利，将瓷器远销国内外，不仅在国内市场占据了重要地位，还成功打入了国际市场，赢得了广泛的赞誉和认可。

经过数代人的不懈努力，景德镇瓷业终于从一个小镇瓷窑发展成为举世闻名的瓷器之都，其陶瓷制品凭借精细的做工、别具一格的设计以及出色的质量而享誉全球。景德镇瓷业的崛起，不仅是中国瓷器业的一次伟大创新，也是逆境中战略突围的典范。

一、在逆境中的战略视野

在商业世界中，遭遇逆境和挑战是常态。然而，正是在这些艰难时刻，真正的成功者会展现出他们的智慧、勇气和决心。他们不仅能够在逆境中生存下来，更可以通过战略性的决策和行动逆风翻盘，实现困境中的突围，开创出全新的局面。

正如景德镇瓷业的成功并非偶然，而是其在逆境中勇于创新、敢于突破的必然结果。窑匠们通过技术创新和营销策略的创新，实现了自我突破和持续发展，成了举世闻名的瓷器之都。这一案例不仅为我们提供了宝贵的经验启示，也让我们深刻认识到，在困境面前，只有勇于革新、敢于突破常规，方能开辟新径，达成自我提升与超越。

1. 全局思维

全局思维是一种穿透表象、洞察本质的智慧。成功者通常不局限于眼前，而是站在更高处，以宽广的视角审视问题，把握整体趋势。面对复杂局面，他们能迅速提炼关键信息，预见未来走向，制定出长远且灵活的应对策略。

在决策时，成功者通常表现得从容不迫，即便遭遇困境，也能凭借深邃的洞察力和敏锐的判断力，迅速调整策略，引领团队稳健前行，开创更广阔的发展空间。

2. 逆向思维

具备逆向思维的人往往会展现一种不走寻常路的智慧。面对问题，具备逆向思维的人不会盲目地随大流，而是会适时地从相反的角度深入思考，寻找解决方案。这种思维方式让他们可以发现被忽视的细节，挖掘隐藏的机会。

在竞争激烈的市场中，成功者运用逆向思维，避开红海，开创蓝海，实现差异化竞争。他们敢于挑战传统观念，勇于尝试新思路，即使面临质疑，也坚定不移地前行，最终创造出令人瞩目的成果，展现出非凡的创新能力和领导力。

3. 坚韧不拔的毅力

除了全局思维和逆向思维外，成功者往往还具备一种强大的心理素质——坚韧不拔的毅力和乐观向上的心态。在逆境中，面对诸多艰难险阻，成功者能够保持镇定与明智，不轻易放弃和退缩。他们深信自己能够战胜困难，达成目标。这份坚定的信念与乐观的心态，成了他们持续前进的强大动力与坚实支撑。

4. 资源整合能力

资源整合能力是成功者成就非凡的关键所在。他们擅长识别并有效利用各种资源，包括人力、物力、财力及信息资源，将看似无关的元素巧妙融合，创造出新的价值。成功者能洞察资源之间的内在联系，通过精准匹配与优化配置，实现资源效益最大化。

成功者善于搭建平台，促进资源流动与共享，激发团队潜能，推动项目高效运转。这种能力让他们在复杂多变的环境中游刃有余，不断创造佳绩，引领团队迈向成功。

当然，成功者在逆境中破局的成功，还离不开他们持续的学习和实践。求知是自我提升与适应变迁的关键途径。成功者深谙，唯有不断汲取新知识、掌握新技能并培养新思维，方能维持自身的竞争实力与创新能力。

二、在逆境中的战略实践

战略视野为我们指明了前进的方向，但要想在逆境中实现战略突围，还需要具备坚韧的意志和强大的执行力。逆境中的挑战和困难往往比想象中更加复杂和严峻，只有保持坚定的信念和不懈的努力，才能克服重重困难，实现自我超越和战略突围。

1. 全局视角与均衡考量

（1）全局思维构成了战略思维的核心。我们要努力超越局部利益的束缚，从整体的视角和长远的发展规划来审视问题。

（2）我们要对内部资源进行合理调配，对外部环境进行全面审视，并与各利益相关方保持和谐协调。借助全局视角，我们可以确保在逆境中所作的决策不仅满足当前的迫切需求，同时也为未来的个人或组织发展奠定坚实基础。

2. 创新求变与灵活应变

（1）在逆境中，我们要勇于挑战传统模式，积极接纳并应用新技术，同时敏锐捕捉市场趋势。通过持续不断的创新，开辟新的市场空间，创造独特的竞争优势，从而在逆境中成功实现突破。

（2）我们应具备出色的应变能力。在纷繁复杂的环境中，我们有能力快速适应变革，并灵活地调整应对之策。如果拥有了高度的灵活性和敏捷性，则可以在短时间内作出明智决策并迅速付诸实践。

3. 资源优化与高效配置

（1）在逆境中，我们深知资源的有限性，因此如何优化和配置资源成为我们关注的焦点。要对现有资源进行深入剖析，精准识别存在的瓶颈与浪费环节，进而实施有针对性的改进与优化措施。同时，我们也应积极寻求外部资源的支持，如合作伙伴和投资机构，以弥补内部资源的不足。

（2）在资源配置方面，我们可以先遵循“集中优势兵力”的原则，把稀缺的资产配置到最核心、最具收益潜力的方面。只有凭借对资源的科学配置与高效利用，才能在逆境中确保运作依然保持高效、顺畅。

4. 风险警觉与防控能力

（1）逆境往往伴随着各种风险和挑战。因此，我们必须具备敏锐的风险警觉性，能够精确辨识并衡量可能的风险要素，并据此规划相应的风险控制措施。这涵盖了对市场风险的预防、对政策变动的应对以及对财务稳定性的维护等多个层面。

（2）我们还需全力构建并完善风险管理体系，以增强我们的抗风险韧性。可以建立风险监测、预警和应对机制，并在制订应急预案后进行演练。通过风险管理和防控能力的提升，我们在逆境中保持了稳健的发展态势。

在逆境中展现出的战略思维是一种综合性的能力。我们要学会保持冷静和理性，通过全局视角与均衡考量、创新求变与灵活应变、资源优化与高效配置以及风险警觉与防控能力等方面的综合运用，规划出切实可行的方法并将其落实于实际行动之中。只有这样，我们才能在逆境中成功突围，并迎来新的发展机遇。

第五节 持久之战：战略耐力的深度锤炼

持久之战，不仅是一场对技艺的考验，更是一次对战略耐力、心理承受力和智慧深度的全面锤炼。在这场没有硝烟的战争中，成功者以坚定的信念、卓越的智慧和非凡的毅力，书写着属于自己的传奇篇章。

张华，一个普通的上班族，却凭借着自己的战略耐力，在职业竞技场上取得了成功。初入职场时，张华只是一名普通的销售代表。面对激烈的市场竞争和复杂的客户关系，他并没有被吓倒，而是选择了迎难而上。

张华首先明确了自己的职业目标——成为一名优秀的销售经理。为了实现这个目标，他制订了详细的计划和策略。他每天都会花时间学习产品知识、销售技巧和市场动态，不断提升自己的专业素养。同时，他主动与客户深入交流，精准把握他们的需求与痛点，并为他们量身定制解决方案。

在执行计划的过程中，张华遭遇了诸多困难与挑战。有时，他需要投入大量的时间与精力来巩固客户关系；有时，他则要直面客户的拒绝与反馈；有时，他还需要在压力下保持冷静和专注。然而，张华并没有因此而放弃。他始终坚信自己有能力实现目标，不断激励自己保持前进的动力。

随着时间的推移，张华的辛勤付出逐渐显现成效。他的销售业绩节节攀升，客户对他的满意度也持续增强。最终，他凭借自己的出色表现，成功晋升为销售经理。然而，这并没有让张华满足。他深知，成为一名优秀的销售经理只是他职业生涯的一个阶段，他还有更高的目标去追求。

在担任销售经理期间，张华继续保持着战略耐力的品质。他不断学习和提升自己的管理能力，带领团队创造了更加辉煌的业绩。同时，他还积极参与公司的战略规划和决策过程，为公司的发展贡献了自己的智慧和力量。

一、战场与战略耐力的考验

战略耐力，首先是一种心态的锤炼。它要求我们在面对漫长而艰巨的任务时，能够保持内心的镇定与坚持不懈的精神。这种镇定并非漠不关心，而是对目标的坚定信念和对过程的深刻理解。

张华在应对激烈的市场竞争和错综复杂的客户关系时，始终保持着冷静的头脑与专注的态度。他明确职业目标，制订详细计划，不断学习和提升自己的专业素养，积极与客户沟通，深入了解他们的需求。

在执行计划的过程中，他遇到困难和挑战时从不退缩，始终保持前进的动力。成为销售经理后，他继续提升自己的管理能力，带领团队创造辉煌业绩，并积极参与公司的战略规划。张华的故事证明了战略耐力对于职业生涯成功的重要性，只有拥有这种品质的人，才能不断突破自我，实现更高的目标。

一方面，战略耐力是一种策略的体现。它要求我们在面对复杂多变的环境时，能够灵活调整策略，保持战略的连贯性和有效性。成功者擅长从整体视角审视局势，剖析环境，制订长远的战略规划。他们不会因为一时的得失而偏离既定的战略方向，而是会根据实际情况，适时调整战术，以确保战略目标的实现。

另一方面，战略耐力更是一种行动的坚持。它要求我们在执行过程中，能够克服惰性、保持专注，不断挑战自我极限。成功者深知，任何成就都源于无数次的努力和坚持。他们不会因为过程中的艰辛而放弃，而是会不断激励自己，保持积极向上的态度，用实际行动诠释着“坚持就是胜利”的真谛。

战略耐力的价值，在于它能够帮助我们在人生的持久战中，保持清醒的头脑和坚定的步伐。它赋予我们在困境中探寻解决方案的能力；在面对诱惑时，能够坚守自己的原则；在失败之后吸取教训、重振旗鼓的韧性。战略耐力，正是成功者在残酷竞争中屹立不倒的关键武器。

二、战略耐力下的成长与蜕变

知识若只停留在书本上，便如同未播下的籽粒，难以破土而出，绽放出璀璨的花朵。因此，我们要踏入实操的殿堂，将战略耐力的培养转化为具体的行动指南。

1. 明确目标，坚定信念

培养战略耐力的第一步，是明确自己的目标。这个目标应该是清晰、具体且可实现的，它不仅可以激发我们的动力，还可以为我们提供前进的方向。在确立清晰目标的前提下，我们应坚守信念，深信自己具备达成该目标的能力。这份信念，将成为我们面对艰难险阻时保持冷静与不屈不挠的重要支柱。

2. 保持专注，提高效率

在执行计划的过程中，保持专注是提高效率的重中之重。成功者善于在纷繁复杂的信息中，筛选出对自己有用的内容，将注意力集中在最重要的任务上。他们不容易被外界的干扰影响，而是会全神贯注地投入工作中，直到完成任务。为了保持专注，我们可以尝试使用番茄工作法、时间管理等技巧，帮助自己提高工作效率和质量。

3. 培养耐心，保持冷静

耐心是战略耐力的重要组成部分。它要求我们在遭遇艰难历程与未卜前程之时，能保持镇定与耐心，不被一时的得失左右。成功者深知，任何伟大的成就都需要时间的积累和沉淀。他们面对一时的困难不会沮丧，同样，短暂的胜利也不会让他们骄傲自满。相反，他们会以平和的心态面对一切，耐心等待时机的到来。

培养战略耐力是一个长期而复杂的过程。它需要我们付出艰辛的努力和坚定的信念。然而，只要我们坚持不懈地努力下去，就一定能够在人生的持久战中取得辉煌的成就。

第二章

目标导向：成功者的成长航标

在成功者成长的征途上，目标不仅是他们内心深处的激励源泉，更是塑造其行动策略与思维方式的核心，始终如一地指引着前进的方向。他们以目标为向导，稳扎稳打，不断挑战自我，实现个人潜能的最大化，最终铸就属于自己的辉煌篇章。

第一节　精准定位：SMART原则的实践

在追求卓越与成功的道路上，成功者总是凭借非凡的洞察力与执行力，精准锁定目标，高效达成愿景。在这个过程中，SMART原则——涵盖具体性（Specific）、可衡量性（Measurable）、可达成性（Achievable）、相关性（Relevant）及时限性（Time-bound）——发挥着至关重要的作用。它不仅是一套目标设定的方法论，更是成功者实现精准定位、驱动个人与组织成长的智慧源泉。

小张是一名刚毕业的年轻人，他怀揣着成为一名杰出项目经理的梦想。在初入职场时，小张就明确了自己的长期目标——成为行业内优秀的项目管理专家，并带领团队完成一系列具有重大影响力的项目。

为了达成这一目标，小张在规划短期与中期目标时，特别注重与长远愿景的紧密衔接。他选择了一家在项目管理领域有良好口碑的公司作为自己的起点，并在入职初期就主动承担起了小型项目的协调工作，以此锻炼自己的项目管理能力。

在设定具体目标时，小张不仅关注项目的成功率和客户满意度，还注重提升自己的专业技能和领导力。他积极参与各类项目管理培训与研讨会，持续提升个人的专业素养；与此同时，他还主动与团队成员沟通交流，致力于增强自己的团队协作与领导能力。

小张的这些短期和中期目标，虽然看似独立，实则都与他的长期愿景紧密相连。通过不断努力和实践，小张逐渐积累了丰富的项目管理经验，并成功带领团队完成了一系列有影响力的项目。这些成就不仅让他在职场上崭露头角，也为他实现成为顶尖项目管理专家的梦想奠定了坚实的基础。

一、SMART原则的内涵与应用

1. 具体性（Specific）：明确目标，细化步骤

具体性强调目标必须清晰、确切，不容许含混不清或过于宽泛。一个具体的目标能够让人迅速明白所需完成的任务及其执行方式。具体到细节的目标有助于激发行动，因为它提供了明确的方向和指引。

成功者在设定目标时，总是力求具体明确。因为他们知道模糊的目标只会带来模糊的结果。因此，他们会将目标细化到可操作的程度，将大目标分解为一系列小任务，每个任务都有明确的时间节点和责任人。这样一来，即便遭遇突发状况，也能迅速对计划进行调整，以保障整体目标顺利达成。

2. 可衡量性（Measurable）：量化指标，评估效果

可衡量性需建立清晰的评估指标，用以判定目标是否达成。这些标准可以是数量化的，如“每天阅读一小时”，也可以是质量化的，如“完成一份高质量的报告”。可衡量的目标能够让人在追求过程中保持清晰的进度感知，及时调整策略。

唯有通过量化的指标，才能客观真实地反映目标的完成情况。因此，成功者在设定目标时，总是力求将目标量化，以便在后续过程中进行准确评估。成功者善于运用各种数据工具来监测和评估目标达成情况。他们会定期收集和分析数据，通过对比实际结果与预期目标，找出差距和原因，为后续改进提供依据。

3. 可达成性（Achievable）：合理设定，挑战自我

成功者在设定目标时，总是力求在合理范围内挑战自我。目标设定得过高可能会引发挫败情绪，而目标过低则可能缺乏足够的挑战性。一个可达成的目标能够激发人的潜能，同时保持动力。

此外，成功者在设定目标时，还会充分考虑外部环境和资源条件。他们会评估自己的资源和能力是否足以支持目标的实现，并根据实际情况进行适当调整。这样，即使遇到困难和挑战，他们也能保持信心，积极应对。

4. 相关性（Relevant）：目标一致，协同作战

相关性强调目标必须与个人或组织的长期目标保持一致，有助于实现更大的愿景。一个与目标系统相关联的目标能够让人看到其长远价值，从而增强坚持下去的决心。

成功者在设定目标时，总是注重目标之间的关联性和一致性。只有各个目标之间相互支持、协同作战，才能形成合力，推动整体目标的实现。强调目标与执行的相关性及统一性，对增进工作效率大有裨益，并且在向目标迈进的旅程中，让人感受到每一步进展的意义，从而增强坚持下去的决心和动力。

5. 时限性（Time-bound）：设定时限，提高效率

时限性要求目标必须有明确的时间限制，以促使人保持紧迫感，避免拖延。一个有时间限制的目标能够让人更加高效地分配时间和精力，确保在规定时间内达成目标。

成功者在设定目标时，总是注重时限性。他们深知，只有给目标设定明确的时间限制，才能迫使自己集中精力、提高效率。他们会根据自己的实际情况和能力水平，设定合理的完成时间和阶段性目标。这样一来，他们就能在工作中保持紧迫感和动力，不断推动自己向前发展。

SMART原则在个人成长中的意义在于，它帮助人们从模糊、无序的状态中走出来，这不仅提高了个人行动的效率和效果，还增强了自我管理能力，为成功奠定了坚实的基础。

二、SMART原则的理论应用与拓展

SMART原则不仅是一个简单的目标设定框架，它更是一种思维方式，一种促使个体和组织在复杂环境中保持清晰方向、高效行动的哲学。通过明确具体目标、设定可衡量标准、确保目标可达且与整体战略相关，并设定合理的时间框架，SMART原则可以帮助我们在追求目标的过程中保持专注、灵活且高效。

1. SMART原则在目标设定中的应用

（1）在目标设定中，SMART原则为我们提供了一套系统化的思考框架。通过明确具体、可衡量的目标，我们能够确保自己的行动始终朝着正确的方向前进。

（2）目标的可达成性和相关性则保证了目标既具有挑战性又符合实际情况，可以激发我们的积极性和创造力。而时限性则让我们在有限的时间内集中精力、提高效率，确保目标的顺利达成。

2. SMART原则在计划制订中的应用

（1）在制订计划时，我们要学会运用SMART原则将总体目标拆解成一系列详尽且可执行的行动方案。这些步骤不仅具有明确的先后顺序和时间节点，还包含具体的责任人和资源需求。

（2）通过这样详细的计划，我们才能够确保自己在执行过程中不会出现偏差或遗漏，同时也能够及时发现和解决问题，确保计划的顺利执行。

3. SMART原则在绩效评估中的应用

（1）在绩效评估中，SMART原则为我们提供了一种客观、公正的评价标准。通过对比实际结果与预期目标，成功者能够清晰地了解自己的表现和进步情况。

（2）由于SMART原则强调目标的可测量性和时限性，因此我们还能够根据评估结果及时调整自己的行动计划和目标设定，确保自己的绩效能够持续提升。

4. SMART原则在团队协作中的应用

（1）在团队协作中，SMART原则有助于建立清晰、明确的沟通机制。通过一起设定具体、可测量的目标，团队成员能够清晰了解各自的责任与工作，从而降低误解与矛盾的发生。

（2）目标的时限性和可达成性则能够激发团队成员的积极性和紧迫感，促进团队协作和效率的提升。此外，通过定期评估团队成员的绩效和贡献，我们还能够及时发现和解决团队中的问题，确保团队的稳定和持续发展。

5. SMART原则在创新与变革中的应用

（1）在创新与变革中，SMART原则为我们提供了一种有效的管理工具。通过设定具体、可测量的创新目标，我们能够准确把握自己的创新路径与要点，防止无目的的创新尝试与资源损耗。

（2）目标的时限性和可达成性则能够激发我们的创新动力和创造力，推动我们不断尝试新的方法和思路。此外，通过定期评估创新成果和效果，我们还可以及时发现和解决创新中的问题，不断优化和改进创新方案，确保创新的成功和持续发展。

无论面对何种挑战与机遇，掌握SMART原则的人都将拥有更强的适应力与竞争力。因为，他们知道如何精准定位，如何在复杂多变的环境中保持清晰的方向感，如何高效合理地调配资源，力求以最小的成本达成最大的价值。

第二节　平衡之道：长期与短期目标和谐

在成功者的世界里，平衡之道是他们能够持续进步、保持巅峰状态的关键所在。特别是在处理长期与短期目标的关系上，成功者展现出了一种独特的智慧与策略，使得他们既能够追逐眼前的机遇，又不失对未来的长远规划。

许小龙，一位初入职场的普通新人，立志成为行业内的佼佼者。他设定了清晰的长期目标，并将其分解为提升项目管理能力、积累经验和拓展人脉等短期目标，制订了详细的计划并设定了时间表。

在追求目标的过程中，许小龙注重建立反馈机制，定期参加培训和研讨会，与同事交流心得，不断获取新知识和技能，完善项目管理能力。面对挑战，他保持积极乐观的心态，学会从失败中吸取教训，同时注重身心健康和人际关系，确保自己能够保持高效的工作状态。

经过几年的努力和实践，许小龙虽然没有成为行业内的佼佼者，但是他成了公司的技术骨干，赢得了公司同事和领导的一致好评，为公司的发展作出了重要贡献。

一、长期与短期目标

长期目标，宛如人生征途中的灯塔，为人们指引前行的道路。设定长期目标，需要具备深远的远见和洞察力，能够洞察未来的趋势，把握人生的方向。

然而，长期目标并非一成不变，它会伴随着个人成长和外界环境的变化而不断调整与优化。因此，成功者会定期审视自己的长期目标，确保它们与内心愿望和外部环境保持一致。正如许小龙的成功经历所展示的，只要我们明确长期目标、分解短期目标、建立反馈机制、保持平衡心态和灵活应对变化，我们就能在人生的道路上持续迈进，直至实现心中的愿景。

短期目标，是人们通往长远目标之路的阶石，它们是为实现最终目标而精心规划的阶段性成就，具备明确性、可量化及可实现性的特点。短期目标的设定，需要具备细致入微的规划和执行能力，能够将长期目标分解为一系列可操作的小目标。短期目标的实现，不仅能够为我们带来成就感，增强自信心，还能够为我们提供反馈和调整的机会。通过不断反思和总结短期目标的完成情况，我们可以及时调整自己的行动策略，确保自己始终沿着正确的方向前进。

长期目标与短期目标并非孤立存在，而是相互支持、共同推进的。长期目标为短期目标指明了方向并注入了动力，而短期目标则是实现长期目标不可或缺的步骤。

成功者之所以能够游刃有余地平衡长期与短期目标，是因为他们懂得如何在这两者之间找到平衡点。他们既不会因为过于关注短期目标而迷失方向，也不会因为过于追求长期目标而忽视眼前的机遇和挑战。

成功者通常会采用“以终为始”的思维方式，即从长期目标出发，逆向规划短期目标的设定和实现路径。这种思维方式能够帮助他们始终保持清晰的头脑和明确的方向感，确保自己的每一步行动都在为长期目标服务。

二、平衡策略与实践

想要培养出平衡长期与短期目标的能力，我们需要“四步走”。

1. 明确长期目标，设定愿景蓝图

（1）我们需要明确自己的长期目标，这是实现人生愿景的第一步。长期目标应该是我们内心深处的渴望，是我们想要成为什么样的人、实现什么样的事业、拥有什么样的生活的具体体现。这个愿景蓝图应该包含我们个人的价值观、兴趣、优势和外在环境等因素的综合考量。

（2）在设定长期目标时，我们应保持足够的适应性与包容性。人生是一段不断演变的旅程，我们的兴趣与价值观或许会随着时光流转与境遇变迁而有所调整。因此，我们需要定期审视自己的长期目标，确保其仍然符合我们的内心愿望和外在环境。同时，我们也需要勇于调整和完善长期目标，以适应不断变化的人生阶段和市场需求。

2. 分解长期目标，制订短期计划

（1）明确长期目标后，我们需要将其分解为一系列短期目标，并制订相应的计划。这些短期目标应该具有明确性、可衡量性和可实现性，以便我们能够清楚地见证自己的成长与收获。通过不断实现短期目标，我们可以逐步接近长期目标，增强自信心和动力。

（2）在制订短期计划时，我们需要考虑时间管理、资源分配和任务优先级等因素。我们应当合理规划时间，确保每个短期目标都有充裕的时间来完成。同时，我们也需要合理分配资源，确保每个短期目标都有足够的支持和保障。

3. 建立反馈机制，及时调整策略

（1）在实现短期目标的过程中，我们需要建立有效的反馈机制，以便及时了解自己的进展和存在的问题。这可以通过定期自我反思、与同事或朋友交流心得、参加专业培训等方式来实现。借助反馈系统，我们能够敏锐察觉自身的不足，并适时采取举措进行调整与优化。

（2）我们可以设定每周或每月的反思时间，回顾自己的进展和成就，分析存在的问题和不足，并制定改进措施。同时，我们也可以与同事或朋友交流心得，分享彼此的经验和教训，共同成长和进步。

4. 保持平衡心态，灵活应对变化

（1）在实现长期与短期目标的过程中，我们还需要保持维持稳定的心境，敏捷适应各种变迁。这包括保持积极乐观的心态、学会接受失败和挫折、善于从失败中吸取教训等。同时，我们也需要学会在快节奏的生活中保持平衡，关注自己的身心健康和人际关系。

（2）保持平衡心态的关键在于认识到人生是一个不断学习和成长的过程。我们应学会正视自身的缺陷与挫败，并从中提炼教训与经验。同时，保持积极向上的心态同样重要，相信自己有能力战胜挑战，达成目标。此外，我们还需要关注自己的身心健康和人际关系，确保自己能够保持高效的工作状态和良好的生活品质。

长期与短期目标的和谐平衡能力，是成功的关键所在。我们通过不断学习和实践，也能够培养出这种能力，从而在人生的旅途中不断前行。

第三节　步步为营：目标的分解与落实

在成功者的世界里，每一个成就都不是一蹴而就的，而是通过无数个精心策划的小步骤累积而成。特别是在目标设定与执行的过程中，成功者展现了令人惊叹的分解与落实能力，他们擅长将宏伟的愿景拆解为可操作的小目标，再通过持续的努力和精准的落实，一步步走向成功。

蔚来汽车研发团队在新能源汽车行业迅猛发展的背景下，生动地展现了目标分解与落实的战略部署。面对传统汽车行业向新能源转型的大潮，蔚来汽车研发团队将长期战略目标精心划分为一系列短期且关键的目标，包括提升电池续航能力、扩大充电网络覆盖、增强用户体验以及推动自动驾驶技术研发等。

围绕这些短期目标，蔚来汽车研发团队制订了详尽的项目计划与关键绩效指标（KPI），确保目标的明确性、可衡量性及可达成性。通过持续收集并分析用户意见，团队不断优化产品设计与服务流程，确保每个短期目标的顺利实现。这种将长远愿景细化为短期行动，并逐一高效落实的策略，为蔚来汽车在新能源汽车领域的快速崛起与技术创新提供了强大的推动力。

一、目标分解：从宏观到微观的精准转化

一个清晰的宏观愿景是行动的指南针，它为人们提供方向和动力。这一愿景往往既宏观又详尽，既是对未来生活的美好憧憬，也是对个人价值的深刻认同。在设定宏观愿景时，成功者通常会充分考虑个人的兴趣、能力和市场需求，确保愿景既充满挑战又切实可行。

然而，仅有宏观的愿景是不够的，成功者更擅长将其拆分为一系列可操作的小目标。他们明白，宏伟目标的构建依赖于无数小目标的累积与组合，只有逐一实现这些小目标，才能最终达成宏伟目标。在拆解目标时，成功者也会遵循SMART原则，确保每个小目标都具有明确性、可衡量性和可操

作性。

成功者通常会采用逆向思维的方法来拆解目标。他们首先明确最终想要达到的结果，然后逆向推导出实现这一结果所需的关键步骤，再将这些关键步骤进一步细化为更小、更具体的任务。通过这种方式，成功者能够将一个看似遥不可及的宏观愿景转化为一系列清晰、可操作的短期目标。

在分解目标的过程中，成功者总是非常注重细节。他们清楚，每一步细微的行动都可能成为影响结果的关键因素。因此，成功者会仔细分析每个小目标所需的资源、时间和努力，确保自己在执行过程中不会遗漏任何重要环节。同时，他们还会为每个小目标设定明确的完成标准和验收指标，以确保每个步骤都能够精准执行。

二、落实策略：从计划到行动的无缝衔接

在成功者的世界里，目标的分解只是成功的一半，真正的挑战在于如何将这些精心策划的小目标转化为实实在在的行动和成果。他们深知，实践才是检验真理的唯一标准，只有通过高效、精准的执行，才能将宏伟的蓝图变为触手可及的现实。

1. 制订详细计划：确保每一步都有章可循

在分解目标后，要立即着手制订详细的行动计划。这个计划不仅包括了每个小目标的具体任务和时间安排，还涵盖所需的资源、责任人和潜在的风险应对措施。一个详细的计划是成功执行的关键，它能够帮助人们在执行过程中保持清晰、有条理的思路，避免因缺乏准备而陷入混乱。

在制订计划之际，我们要尽量全面地考量各类潜在情形与变动因素，以保障策略拥有充分的变通性与应对能力。在执行计划的过程中难免会遇到各种挑战和变化，因此，我们要预留一定的缓冲时间和资源，以应对可能出现的突发情况。

2. 高效执行：将计划转化为行动

我们不仅要学会制订计划，更要高效执行。因为计划的最终目的是转化为行动，只有通过实际行动才能将目标变为现实。因此，在执行过程中，我们要保持高度的专注和自律，确保自己能够按照计划的要求和时间节点完成任务。

我们在执行过程中会采用“番茄工作法”“时间阻塞”等高效的时间管理技巧，以确保自己能够集中精力、高效地完成每个任务。此外，我们要按时审视与衡量自身的执行进度，迅速识别问题并施行相应的调整策略。通过这种方式，以确保自己的行动始终与计划保持一致，不断向目标迈进。

3. 持续改进：在行动中不断优化和调整

由于在执行过程中难免会遇到各种挑战和困难，因此，我们要始终保持开放和灵活的心态，愿意在行动中不断优化和调整自己的策略和方法。要定期收集和分析执行过程中的数据和信息，以评估自己的进度和效果，并根据评估结果进行相应的调整和改进。

我们在改进过程中可以采用PDCA（计划—执行—检查—行动）循环等质量管理工具，以确保自己的行动能够持续改进和优化。只有通过不断的试错和迭代，才能找到最适合自己的方法和策略，从而更高效地实现目标。

4. 团队协作：发挥集体的智慧和力量

个人的能力总有局限性，唯有集合集体的智慧和力量方能成事，才能更高效地实现目标。因此，在执行过程中，我们要主动寻求与伙伴的合作与协同，携手应对挑战、共享资源及智慧。

我们在团队协作中要注重沟通和协调。我们要定期与团队成员进行交流和讨论，以确保每个人都能够明确自己的任务和责任，并了解整个项目的进度和情况。同时，要鼓励团队成员积极贡献他们的见解与建议，倡导他们提出富有创意的新思路和解决方案。借此途径，我们要鼓舞团队成员的热情与创新能力，协同推进项目的进展。

另外，还应看重团队文化的塑造。我们要竭力营造一种正向激励、协同合作、彼此尊重的工作环境，让团队成员能在这样的氛围里尽情施展自身的潜能与才华。

成功者在目标的分解与落实过程中展现出了令人惊叹的智慧和能力。他们懂得如何将宏观的愿景拆解为可操作的小目标，并通过详细的计划、高效的执行、持续改进和团队协作等策略和方法，将目标一步步变为现实。这些策略和方法不仅体现了成功者对目标的深刻理解和对细节的极致把控，更展现了他们在行动中的高超智慧和卓越能力。对于每一个渴望成功的人来说，学习和借鉴这些策略和方法将是非常有益的。

第四节　应变自如：灵活调整目标策略

在成功者的世界里，没有一成不变的计划，只有不断适应变化、灵活调整策略的智慧。面对复杂多变的环境和突如其来的挑战，成功者总能迅速作出反应，调整自己的目标策略，以确保自己始终保持在正确的轨道上。

雷军在小米初创期，敏锐捕捉到智能手机市场对高性价比产品的需求，于是他灵活调整目标策略，专注于打造高性价比的智能手机。此战术助力小米迅速在市场站稳脚跟，获得了众多消费者的喜爱。

随着市场的不断变化，雷军带领小米团队持续创新，灵活调整产品策略。他们关注新兴技术和市场趋势，及时调整产品方向，确保小米始终走在行业前列。雷军的应变自如，让小米在智能手机和智能硬件领域不断取得新的突破。

雷军的应变能力不仅体现在策略的灵活调整上，还体现在对团队协作和高效执行的重视上。随着小米步入成熟期，雷军更加注重团队的协作精神和执行效率。他明确划分团队成员的职责，强化沟通与协作，确保目标和策略能够得到切实执行。这些措施为小米的持续发展提供了坚实的支撑。

一、培养应变思维

成功者深知，变化是世界的常态，也是成长的催化剂。他们时刻保持对环境的敏锐洞察力，善于从细微之处捕捉变化的迹象，从而提前做好准备，应对可能出现的挑战。成功者的这种预见能力，并非天赋异禀，而是源于对信息的广泛收集、深入分析和持续学习。他们善于从各种渠道获取信息，包括行业动态、技术趋势、市场反馈等，通过整合这些信息，形成对环境的全面认知，从而能够预见到可能的变化。

雷军的故事告诉我们，成功者之所以能够在职场中脱颖而出，关键在于他们具备灵活调整目标策略的能力。我们要想掌握这种能力，需要保持市场敏感度与前瞻性、提升适应与创新能力以及强化团队协作与执行力。

1. 深入地思考和分析，评估变化可能带来的影响和后果

成功者不会盲目地跟随变化，而是会根据自己的目标和价值观，判断变化是否有利于自己的长远发展。如果判断结果是积极的，成功者会主动拥抱变化，甚至利用变化来加速自己的成长；如果判断结果是消极的，他们则会提前做好准备，采取必要的措施来减轻或避免负面影响。

2. 不会固守原有计划，会主动调整自己的目标策略

成功者深知，目标策略是达成目标的手段和路径，而非一成不变的教条。因此，在制定目标策略时，他们会保持足够的灵活性和开放性，以便在必要时进行快速的调整和优化。绝不会因为变化而感到迷茫或焦虑，而是能够迅速调整心态和行动，迎接新的挑战。

3. 在调整目标策略时，会遵循以下三个原则

（1）保持与目标的一致性。无论环境如何变化，成功者都会确保自己的策略始终与最终目标保持一致，避免偏离主线。

（2）注重策略的有效性。成功者会定期评估策略的执行效果，如果发现效果不佳或存在风险，他们会立即进行调整，以确保策略的有效性和可行性。

（3）保持策略的可持续性。成功者在制定策略时，会充分考虑资源的可持续利用和环境的可持续发展，避免过度消耗资源或对环境造成不可逆的损害。

面对未知与挑战，唯有保持敏锐的洞察力，勇于创新，强化团队协作，并付诸高效执行，才能在变幻莫测的商业竞技中保持领先。

二、如何灵活调整目标策略

在不断变化的市场环境和个人发展需求面前，我们如何掌握灵活调整目标策略的能力，成为职场中的成功者呢？

1. 培养敏锐的市场洞察力

（1）持续关注行业动态。通过订阅行业新闻、参加线上线下的行业活动、加入专业社群等方式，保持对行业动态的持续关注。这能让我们及时洞悉市场的最新动态、趋向及潜在机遇。

（2）深入探究客户需求。借助市场调研、客户交流、数据剖析等方式，透彻理解客户的需求、喜好及困扰。这有助于我们更精确地把握市场脉搏，为制定与调整策略方针奠定基础。

（3）建立信息收集机制。建立一个有效的信息收集机制，如设置专门的文件夹、使用云笔记等工具，将收集到的信息进行分类、整理和归档。这有助于我们随时查阅和回顾，为决策提供支持。

2. 提升适应与应变能力

（1）保持开放心态。面对变化时，维持开放与接纳的心态极为关键。接纳并珍视变革，视其为成长与学习的契机，而非阻碍与难题。

（2）主动寻求挑战。不要害怕挑战和困难，而是主动寻求并接受新的挑战。这有助于我们拓宽视野、提升能力，并在实践中不断积累经验。

（3）建立快速反馈机制。在推行目标策略的过程中，构建迅速反馈体系，及时收集与分析数据，掌握策略的执行状况与成效。这使我们能够及时修正策略，保障目标得以圆满达成。

3. 培养创新思维与解决问题的能力

（1）打破思维定式。不要局限于传统的思维模式和方法，敢于尝试新的思路和方法来解决问题。这有助于我们发现新的机会和突破点，为制定和调整目标策略提供新的视角。

（2）开展多元思考。与来自多样背景、不同专业的人士沟通，倾听他们的见解与思考。这有助于我们拓宽思维边界，获得更全面的信息和观点，为决策提供支持。

（3）培养批判性思维。培养以批判性视角审视问题与策略的习惯，持续提出疑问并进行自我反思。这能帮助我们发掘潜在的问题与风险，并及时作出调整与优化。

4. 提升执行力与团队协作能力

（1）制订详细计划。在规划目标策略时，须拟订详尽的计划与时间安排，清晰界定每个阶段的任务与目标。这有助于我们更有效地掌控全局，保证计划的顺畅推进。

（2）持续学习与成长。不断汲取新知、掌握新技能与方法，增强自身的专业水准与综合实力。这能帮助我们更从容地应对市场的变迁与挑战，为制定与调整策略提供坚实的支撑。

灵活调整目标策略是成功者在职场中脱颖而出的关键能力。我们要想掌握这种能力，需要不断培养敏锐的市场洞察力、提升适应与应变能力、培养创新思维与解决问题的能力以及提升执行力与团队协作能力。通过持续学习和实践，相信我们一定也可以逐渐掌握这种能力，并在职场中取得更大的成功。

第五节　激励驱动：目标达成的动力源泉

成功者深知，目标并非遥不可及的幻影，而是需要通过实际行动去触及的现实。他们不仅掌握着激发内在动力的理论和方法，更能在实践中将这些理论转化为具体的行动，不断磨砺自己的意志，铸就成功的基石。

王羲之，这位东晋的书法大师，以其卓越的书法艺术成就和深邃的人生哲学，向我们展示了成功者激励驱动的精髓。自幼对书法充满热爱的他，设定了明确的目标，追求技艺的极致，将书法艺术视为个人修养与精神境界的体现。这份对艺术的痴迷与不懈探求，成了他持续前行的强大动力。

在练习书法的道路上，王羲之勇于挑战传统，敢于创新。他不断尝试新的书法技巧和风格，最终形成了自己独具特色的书法风格，被后人尊称为“书圣”。这种勇于突破的精神，不仅让他在书法艺术领域取得了卓越的成就，也为我们在面对困难和挑战时提供了勇气与智慧。

王羲之的书法艺术得到了社会的广泛认可和高度赞誉，他的作品被誉为经典之作，对后世产生了深远的影响。这种社会的认可不仅增强了他的动力和信心，也激励了无数后来者投身于书法艺术的学习和创作。

王羲之在探索书法艺术的征途中，并非独自一人。他得到了家人、朋友和同道中人的支持，他们共同交流心得、切磋技艺，相互激励和支持。这种支持系统使他更加坚定和有力，也向我们展示了，在追求目标的道路上，建立一个支持系统、共享成长的重要性。

一、激励驱动的内涵

激励驱动，简而言之，就是个体为了实现既定目标，通过内在动机与外在奖励相结合的方式，激发自身潜能，持续努力，直至目标达成的过程。激励驱动能够激发人们的内在潜能，即使是在面临困难和挑战时，依然保持高昂的斗志和持久的耐力。

1. 进行自我行动激励

成功者深知，行动是激发内在动力的最佳方式。他们不会停留在空想或计划的阶段，而是会立即采取行动，将目标转化为现实。在行动中，他们会通过不断尝试和实践，来发现并解决问题，提升自己的能力和智慧。

2. 注重自我认知和自我激励

成功者了解自己的优点和不足，明确自己的目标和价值观，从而找到能够激发自己内在动力的关键因素。同时，他们还会运用各种自我激励的方法，如设定挑战性的目标、记录自己的进步、庆祝每一个小成就等，来不断激励自己，保持对目标的热情和动力。

3. 注重目标的明确性、可衡量性和可实现性

成功者明白，只有明确的目标才能更好地指导自己的行为，只有可衡量的目标才能评估自己的进度，只有可实现的目标才能切实激发自己的动力。在设定目标时，成功者会将自己的长期目标分解为一系列短期目标，每个短期目标都是对长期目标的一次推进。这种目标设定方式不仅让他们在追求目标的道路上有了更清晰的方向，也让他们在不断实现短期目标的过程中获得了成就感和满足感，从而激发了更大的内在动力。

4. 注重目标的挑战性和吸引力

成功者知道，只有具有挑战性的目标才能激发自己的潜能，只有具有吸引力的目标才能让自己保持对目标的热情和动力。因此，他们在设定目标时，会根据自己的实际情况和兴趣爱好，设定既具有挑战性又具有吸引力的目标，让自己在追求目标的道路上充满乐趣和期待。

王羲之的书法艺术与人生追求，为我们提供了成功者激励驱动的又一典范。他通过明确目标、热爱与自我实现、勇于创新、社会认可与支持系统的建立，不断追求书法艺术的极致，实现了个人价值的提升和精神境界的升华。

二、激励驱动的方法

在了解了成功者激励驱动的理论基础之后，我们应当如何培养这种能力呢？以下是一套系统的实操方法，旨在帮助我们激发内在潜能，构建有效的激励机制，实现目标的达成。

1. 明确目标，设定愿景

（1）愿景驱动。除了具体的目标外，还需要设定一个长远的愿景，作为个体追求的最高目标。愿景能点燃我们的内在激情，使我们在奔向目标的路途中，始终保持昂扬的斗志。

（2）分解目标。把长远愿景切割成一系列短期目标，每个短期目标的实现都是向长远愿景迈进的一步。这有助于我们在追求目标的过程中，不断累积成就感，维持动力。

2. 构建内在动力，激发潜能

（1）自我反思。时常进行自我反思，审视并认清自己的兴趣所在、价值观念和强项，明晰自己的内在驱动力。这有助于我们在设定目标时，更加贴近自己的内心需求，从而激发更强的内在动力。

（2）设定挑战。为自己确立富有挑战性的任务，经由持续挑战自我，激发潜在能力，增强技能水平。挑战能够激发我们的好奇心和探索欲，让我们在追求目标的过程中，始终保持新鲜感。

（3）自我肯定。学会自我肯定，关注自己的进步和成就，即使是小小的成功，也要给予自己积极的反馈。这有助于我们在追求目标的过程中，保持自信和乐观，不断激发内在动力。

3. 建立外在奖励机制，增强动力

（1）设定奖励。为自己设定清晰的奖赏机制，每当达成某个目标或阶段成果时，给自己合理的奖赏。这种奖赏可以是物质上的（如购置心仪的物品），也可以是精神上的（如阅读一本好书、看一场电影等）。

（2）社会认可。寻求他人的认可和支持，当取得成就时，与他人分享，获得社会认可。社会的认可能够加深我们的归属感与成就感，进而激发自己的内在动力。

（3）职位晋升与职业发展。在职场中，将目标达成与职位晋升、职业发展相结合，通过不断追求更高的目标，实现个人价值的提升。这有利于我们在追求目标的过程中，维持长久的驱动力。

激励驱动，是目标达成的核心动力源泉。我们通过明确目标、构建内在动机、建立外在奖励机制等方法，可以逐步培养这种能力，成为各自领域内的成功者。

第三章

强执行力：成功者的行动哲学

成功者之所以能在竞争中脱颖而出，不仅源于其敏锐的洞察力，还得益于其强大的执行力。执行力是将战略意图转化为实际成果的关键，是人们用行动彰显决心，以效率铸就成功的实践哲学。在成功者的世界里，每一个计划都伴随着迅速而有力的执行，正是这份力量，推动他们不断前行，成就非凡。

第一节　立即行动：高效执行的起点

每一个宏伟梦想的实现都离不开一次次看似微小的行动。成功者往往以“立即行动”为信条，将其视为高效执行的起点，用实际行动诠释了何为真正的行动力。他们深知，无论计划多么周详，策略多么精妙，如果缺乏立即行动的勇气与决心，一切都只是空中楼阁，无法转化为实际的价值。

赵磊，电商物流领域的资深专家，面对客户对物流速度的高要求，决定启动物流优化项目。他深入调研市场，制订详细方案，涵盖仓储管理、配送路线、分拣效率等多个方面。

赵磊首先进行了深入的市场调研，了解竞争对手的物流策略以及客户的实际需求。基于这些信息，他制订了详细的物流优化方案，包括引入先进的仓储管理系统、优化配送路线、提高分拣效率等多个方面。

为了确保方案的高效执行，赵磊采取了多项措施。他组织了一支由技术、运营和仓储等部门人员组成的跨部门团队，确保各方能够紧密协作，共同推进项目。同时，他制定了明确的时间表和阶段性目标，通过定期的进度会议，确保每个环节都能按时完成。在执行过程中，赵磊遇到了不少挑战，如新系统的调试、员工对新流程的不适应等。但他始终保持着高度的责任心和执行力，亲自参与问题解决，不断调整和优化方案。

在赵磊的带领下，物流优化项目取得了显著成效。仓储效率大幅提高，订单处理时间缩短了一半以上，客户满意度也显著提高。这一成绩的取得，离不开赵磊的高效执行力和团队成员的紧密协作。

一、立即行动：成功者的决策与执行力

通过这一系列“立即行动”的高效执行举措，赵磊带领团队推动了物流效率的大幅提高，也彰显了赵磊在电商物流领域的专业素养和领导力。

立即行动是高效执行的开端，是连接梦想与现实的纽带。它意味着在面

对任务或挑战时，能够迅速作出决策，果断采取行动，而不是犹豫不决、拖延时间。

1. 敏锐度和果断性

在决策时，成功者往往展现出非凡的敏锐度和果断性。他们擅长识别问题的核心，能迅速从海量复杂的信息中挑选出最具价值的内容，作出最符合当前情况的判断。

成功者不会陷入无休止的分析和讨论中，他们深知时间的宝贵，也明白在快速变化的现代社会中，犹豫不决往往意味着错失良机。因此，他们总能在最短的时间内，基于现有的信息和经验，快速而精准地作出决策。这种决策能力不仅体现了他们对问题的深刻理解和把握，更展现了他们对目标的坚定信念和不懈追求。成功者相信，只有明确的目标和坚定的信念，才能引导他们作出正确的决策，并在执行过程中始终保持清晰的方向和动力。

一旦决策确定，成功者便会立即行动，将计划转化为现实。他们不会因担心失败或追求完美而犹豫不决，而是勇敢地迈出第一步，并在实践中不断调整和优化。他们深知，任何完美的计划都需要通过实践来检验和完善，而拖延只会让机会溜走，让梦想成为泡影。

2. 高效性和专注度

在执行过程中，成功者展现出惊人的高效性和专注度。他们擅长有效分配时间与资源，确保每项任务均能按期且高质量完成。他们不会让时间浪费在无谓的迟疑与拖延上，而是将每一刻都投入最有价值的事务中。他们善于从经历中总结经验教训，从失败中汲取营养，从成功中提炼精华，不断提升自己的执行力和综合素质。

成功者在决策和执行方面都展现出了卓越的能力。他们擅长捕捉问题的核心，作出精准而果断的决策；他们勇于行动，迅速而高效地执行计划；他们善于从经历中提炼教训与经验，持续提升自身的本领与智慧。这种从思考到行动的无缝对接，让成功者在面对机遇和挑战时，能够迅速作出反应，并抓住每一个机会，实现自己的目标和梦想。

二、如何提升立即行动的实践能力

培养立即行动的实践能力并非一蹴而就，它需要我们从多个方面入手，不断提升自己的认知、决策、执行和适应能力。以下是一些具体的实操方法。

1. 提升认知能力：明确目标，制订计划

（1）设定清晰目标。在采取行动之前，首要任务是确立自己的目标。这个目标应该是具体、可衡量、可实现且有时间限制的（SMART原则）。一个清晰的目标能为我们指明方向并激发动力。

（2）制订详细计划。有了目标之后，接下来要制订详细的行动计划。此计划应涵盖任务细分、时间配置、资源调度等关键要素。通过制订计划，我们能够更好地掌控任务的进度和节奏。

（3）培养全局思维。在制订计划和执行过程中，我们要学会从全局出发，考虑各种可能性和风险。

2. 提升决策能力：果断决策，灵活调整

（1）收集信息。在决策之前，要尽量广泛地收集相关信息与数据。这些信息能够帮助我们更好地了解任务的背景、要求和限制条件。

（2）快速权衡利弊。在收集到足够的信息后，要学会快速权衡利弊得失。通过权衡不同方案的利弊及潜在风险，我们能够制定出更为明智的决策。

（3）学会放手。在决策过程中，不要过于纠结于细节和完美主义。要学会放手一些不那么重要的事情，专注于核心问题和关键点。

（4）灵活调整。在执行过程中，如果发现原计划存在问题或无法继续执行时，要勇于调整策略和方法。

3. 提升执行能力：立即行动，注重细节

（1）克服拖延。要克服拖延的习惯，学会立即行动。可以通过设定小目标、番茄工作法等方法来激发自己的行动力。同时，要保持对自己的承诺和责任感，确保任务能够按时完成。

（2）注重细节。在执行阶段，需重视细节与品质。借助细致审查、多次验证等手段确保任务的精确性与完整性。同时，应学会从挫败中提炼经验，不断优化自身的方式与技巧。

（3）保持专注。在执行任务时，要保持专注和投入。应避免注意力分散及多任务处理所带来的效率折损。可以通过设定专注时间、减少干扰等方法来提高自己的专注度。

4. 提升适应能力：灵活应对，持续学习

（1）保持好奇心。我们需保持对新兴事物的好奇心与探索欲望。通过持续学习新知识、掌握新能力以提升个人竞争力与适应能力。

（2）接受挑战。我们要勇于接受挑战和困难。通过直面挑战与困境来锤炼自身的意志力与坚韧性。同时，也能在此过程中发掘自身的潜能与可能性。

（3）反思总结。在执行任务后，我们必须进行深入的反思与总结。通过审视自己的行动历程与成果，发现自身的优势与短板。同时，也要构思如何更出色地应对未来的挑战与机遇。

在培养立即行动能力的过程中，我们不仅能够提高自己的工作效率和竞争力，还能够不断挑战自己的极限并实现自我超越。

第二节　细节制胜：在执行中精准把控

执行不仅是将计划变为现实的过程，更是一场关乎细节、精准与效率的较量。成功者深知，真正的成功往往隐藏在那些看似微不足道的细节之中，正是对这些细节的精准把控，决定了执行的质量与成果。

齐白石，作为我国近现代绘画界的泰斗，其卓越的艺术造诣源于对细节的极致追求。他擅长描绘花鸟、山水，每一幅画作都充满了对自然细节的精准捕捉。从花鸟的形态、颜色到动态，齐白石都能细致入微地刻画，使作品栩栩如生，跃然纸上。这种对细节的敏锐捕捉，正是他画作生动传神的关键所在。

在笔墨运用方面，齐白石同样展现了非凡的细节处理能力。他善于运用不同的笔墨技巧来表现不同的物象和质感，使画面在表现力和感染力上都达到了极高的水平。无论是竹子的挺拔，还是花鸟的灵动，都通过他精湛的笔墨技巧得到了完美的呈现。

在构图方面，齐白石同样注重对细节的安排。他精妙地运用布局手法来凸显主旨，加强画面的深度与广度。这种对构图细节的巧妙处理，使得他的画作在视觉上更加引人入胜，让人在欣赏的过程中能够产生强烈的共鸣。

齐白石对细节的精雕细琢，不仅展现于其绘画作品之中，更渗透于其生活哲学里。他沉浸于生活，细致地观察自然，深切体悟每一细微之处的魅力。这种对细节的敏锐感知和用心表达，正是他艺术创作的源泉所在。

一、细节的力量：成功者眼中的执行艺术

要想在执行中精准把控细节，需要对细节的深刻理解和高度重视。在成功者的世界里，细节不仅仅是表面上的微小差异，更是决定成败的关键因素。这种对细节的敏感和重视，源于他们深厚的专业素养、丰富的实践经验和独特的思维方式。

正如齐白石，他的成功离不开他对细节的极致追求。他的画作之所以能够达到如此高的艺术成就，正是因为他注重细节、深入观察、用心感受。这也启示我们，在艺术创作和日常生活中，只有注重细节，才能创作出更加优秀的作品，拥有更加丰富的人生体验。

1. 具备深厚的专业素养

成功者之所以能在复杂多变的环境中迅速识别问题的核心和关键细节，得益于他们深厚的专业素养。这种素养不仅体现在对专业知识的广泛涉猎和深入理解上，更在于能够将理论与实践紧密结合，形成独特的见解和判断。只有真正掌握领域的核心知识和技能，才能在面对问题时，迅速抽丝剥茧，直击要害。

专业素养的积淀并非短时间内可以达成，它要求持续地学习、不断地实践与深刻地反思。成功者往往保持着对新知识、新技能的强烈好奇心，不断拓宽自己的知识边界，深化对领域的理解。同时，他们善于从实践中吸取营养，将理论知识转化为解决实际问题的能力，从而在实践中不断锤炼和提升自己的专业素养。

2. 拥有丰富的实践经验

实践是检验真理的唯一标准，亦是成功者积累细节敏感度与认知力的根本途径。通过大量的实践，他们可以敏锐地捕捉到问题中的细节差异，这些差异往往决定了问题的本质和解决方案的有效性。他们善于从失败中汲取教训，从成功中总结经验，不断丰富和完善自己的知识体系和实践技能。

实践经验的积累需要勇气、耐心和智慧。成功者敢于尝试新事物，勇于面对失败，他们知道，每一次失败都是向成功迈进的一步。同时，他们善于反思和总结，通过不断的回顾和梳理，将实践经验转化为宝贵的智慧财富，为未来的成功奠定坚实的基础。

3. 拥有独特的思维方式

成功者之所以能够发现隐藏在问题背后的深层次原因和规律，得益于他们独特的思维方式。他们善于从多个角度和层面去思考问题，这种多维度的思考方式可以帮助他们跳出常规的思维框架，看到问题的本质和内在联系。

培养独特的思考模式需要怀抱开放的心态、具备敏锐的洞察力以及拥有丰富的想象力。成功者保持着对未知世界的好奇和敬畏，他们敢于挑战传统观念，勇于探索新的领域和可能性。此外，他们善于观察和分析，能够从细微之处发现问题的端倪，通过想象和创造，提出创新的解决方案。

因此，成功者在执行中精准把控细节的能力，源于他们深厚的专业素养、丰富的实践经验和独特的思维方式。只有这样，当面对挑战时，才能以精准的细节把控能力，赢得成功和尊重。

二、精准把控：执行中的实践智慧

要想成为成功者，我们需要在学习、实践和思维上不断突破，努力提升自己的观察力、分析能力，培养自律习惯。

1. 提升观察力

观察力是精准把控细节的基础。

（1）保持好奇心。对周遭的一切保持好奇心，积极观察并探究其内在原因与法则。通过持续的观察与思考，能够逐步提升个人的观察力与洞察力。

（2）注重细节。在观察时，需留意细节上的差异与变化。不仅要关注整体情况，还要关注每一个微小的细节。通过不断的关注细节，可以逐渐培养起对细节的敏感性和重视性。

（3）记录观察结果。把观察所得记录下来，以便后续进行深度分析与总结。通过记录观察结果，能更明确地认识问题本质，并寻得解决问题的核心细节。

2. 提升分析能力

分析能力是精准把控细节的关键。

（1）深入思考问题。对问题进行深入思考和分析，找出问题的核心和关键细节。通过不断的思索与剖析，能够逐步提升自己的分析能力与问题解决能力。

（2）多角度思考。从多个视角与层面审视问题，探寻问题的本质与解决之道。通过全方位思考，能更全面地把握问题所在，并找到更为高效的解决方案。

（3）学习专业知识。通过学习专业知识，增强自身的专业素养与学识水平。借助专业知识的习得与应用，能更精确地识别问题的核心与关键细节，并作出恰当的判断与决策。

3. 培养自律习惯

自律习惯是精准把控细节的重要支撑。

（1）设定目标蓝图。根据自身实际情况与目标需求，制定切实可行的目标蓝图。通过目标蓝图的制定与实施，能更清晰地明确自己的任务与要求，并激发自身的积极性与驱动力。

（2）坚持执行。在制订计划后，要坚持执行并不断优化和完善。通过坚持不懈地执行目标蓝图，能够逐步培养自我管理能力。

（3）回顾与提炼。在执行过程中及结束后，及时进行回顾与提炼经验与教训。通过回顾与提炼，能更深入地认识自己的长处与短板，并找到改进与提升的路径与方法。

细节制胜的能力是通过不断的学习和实践而养成的，我们可以逐渐提高自己的细节把控能力，并在工作和生活中取得更加优异的成绩。

第三节　团队协作：激发集体执行力

团队协作宛若一场精心策划的交响乐，每个成员都扮演着不可或缺的角色，共同谱写出振奋人心的旋律。成功者深知，尽管个人的力量不容小觑，但团队的力量才是推动项目向前发展、实现目标的关键所在。他们通过巧妙的团队协作，将个体的优势转化为集体的力量，共同创造出卓越的成果。

某公司拥有一支项目团队，负责一项既复杂又时间紧迫的任务。项目启动之初，团队成员间沟通不畅、协作机制不健全，导致项目进度落后，成果质量不尽如人意。为了扭转这一局面，团队成员开始积极寻找改进之道。

首先，他们确立了项目的明确目标和计划，并制定了详细的职责分工和进度安排。接着，他们构建起了高效的沟通渠道，定期举行会议以交流工作进展及所遇难题，并迅速寻求解决方案。同时，他们还注重培养团队协作精神，积极参与团队建设活动，从而增强了团队的凝聚力。

在执行计划的过程中，团队成员遭遇了诸多困难与挑战。然而，他们并未退缩，而是彼此扶持、共同应对。他们通过持续的学习与反思，对工作流程与方法进行了优化，从而提升了工作效率与质量。最终，项目得以如期成功交付，并赢得了客户的高度赞誉。

一、成功者眼中的团队协作：艺术与智慧的融合

在成功者看来，团队协作远不止于简单的分工与合作。它是一个过程，更是一种智慧，一种能够激发集体执行力的艺术。正如案例所示，只有团队成员之间紧密配合、相互支持，才能够共同应对各种挑战和困难，实现团队目标。同时，通过持续学习和反思，不断提升团队协作能力和集体执行力，也是实现团队成功的关键。

每个成员都是团队中不可或缺的一部分，他们的专业技能、性格特点和个人兴趣构成了团队的宝贵财富。因此，成功者通常擅长挖掘每个成员的潜

力，为他们分配最适合的任务和角色，使每个人都能在团队中发挥自己的优势，实现个人价值。

1. 团队协作要注重平衡与协调

成功者往往懂得如何平衡团队成员之间的利益关系，协调不同意见和冲突，以保持团队的和谐与稳定。信任与默契是团队协作的基石，因此，他们会采取多种途径来强化团队凝聚力，如组织团队建设活动、开展团队培训等，使团队成员更加紧密地联系在一起。

2. 团队协作要注重沟通与交流

在团队协作过程中，成功者善于运用各种方法和工具来提高团队协作的效率和质量。他们灵活运用多种沟通手段，包括面对面交谈、电话会议、在线协作平台等，确保每位成员都能及时获取所需要的信息。同时，他们还会鼓励成员间的信息共享和互相学习，让团队成为一个持续学习和成长的集体。这种智慧的运用不仅提高了团队协作的效率，也促进了团队成员在协作中的成长和进步。

3. 团队协作要注重责任感和团队意识

团队协作的成效不仅受团队成员个人能力与素质的影响，还取决于团队的整体氛围与文化。成功者注重培养团队成员的责任感和使命感，使每个人都意识到自己在团队中的重要性和价值。同时，他们还致力于培养团队成员的合作精神和协作意识，鼓励每个人都积极参与团队协作，共同为团队目标而努力。

在团队协作的过程中，每个成员都扮演着关键角色，他们的知识、技能和经验相互融合，形成一股强大的合力，推动团队不断向前发展。

二、在团队协作中的实践智慧：激发集体执行力的艺术

要提升团队协作中的集体执行力，我们不仅需要理解相关理论，更需要将这些理论转化为实际行动。

1. 树立团队协作意识

我们必须树立团队协作意识。这首先意味着认识到团队协作的重要性，并愿意为团队的共同目标而努力。在日常工作中，我们要时刻保持对团队的关注和关心，主动融入集体商议与抉择过程，为集体的成长贡献力量。同

时，也要尊重和理解团队成员之间的差异和多样性，学会包容和接纳不同的意见和观点，以建立和谐的团队氛围。

2. 建立良好的沟通机制

沟通是团队协作的基石。为了激发集体执行力，我们需要建立良好的沟通机制。

（1）确立沟通目的。在开启沟通之前，须清晰界定沟通的目标与意图，以保障沟通的有效性。

（2）选用恰当的沟通渠道。依据沟通的具体内容与对象，选择适宜的沟通方式，如面对面交谈、电话交流、邮件传递等。

（3）重视倾听与回馈。在沟通过程中，需关注倾听他人的看法与建议，并适时给予反馈与回应。这有助于加深双方的理解与信任，推动团队协作的顺畅进行。

3. 培养团队协作精神

团队协作精神是团队协作中不可或缺的重要品质。

（1）增强团队凝聚力。积极参与团队活动，与团队成员构建和谐的关系，从而加强团队的团结力与向心力。

（2）发挥团队优势。在团队协作中，要充分发挥每个成员的优势和特长，让每个人都能够在团队中找到自己的位置和价值。

（3）共同面对挑战。当团队面临困难和挑战时，要勇于承担责任，积极寻找解决方案，与团队成员共同面对和克服困难。

4. 制订并执行团队计划

为了激发集体执行力，我们需要制订并执行团队计划。

（1）明确团队目标。与团队成员携手设定清晰的目标与规划，确保每位成员都明晰自己的职责与任务。

（2）合理分配资源。依据团队成员的能力与专长，合理分配资源与任务，以保障计划的顺畅执行。

（3）持续跟踪和调整。在计划执行期间，须持续跟进进度与成效，迅速发现并解决难题，同时依据实际状况进行必要的调整与优化。

5. 建立奖惩机制

为了激发团队成员的积极性和创造力，我们需要与团队成员共同建立奖惩机制。

（1）设立奖励制度。对在团队协作中表现卓越的成员，应给予恰当的奖励与认可，以此激发他们持续奋斗的动力。

（2）制定惩罚措施。对于在团队协作中不负责任、影响团队进度的成员，要制定相应的惩罚措施，以维护团队的纪律和秩序。

（3）确保公平公正。在构建奖惩机制时，必须坚持公正公平的原则，杜绝任何偏袒与歧视的现象。

通过这些实操方法的实践和应用，我们可以逐步提升自己的团队协作能力，成为团队协作中的骨干成员。同时，也能增强团队的凝聚力，促使成员为团队的发展倾注更多心力，实现个人与团队的同步成长与进步。

第四节　持续优化：在执行中寻找更优解

成功者往往代表着精湛的技艺和辉煌的成就，象征着一种追求卓越、永不满足的精神。他们深知，无论身处何种领域，无论取得何种成就，都还有无限的可能性和优化的空间。因此，他们始终保持着一种持续改进、不断进取的心态，在实践中寻找更优解，以追求更高的境界和更完美的结果。

在战国时期，有一位名叫李冰的官员，他担任蜀郡守期间，面对成都平原常年遭受水患的困扰，决心持续优化、寻找更优解，治理水患，造福百姓。李冰初到蜀地时，便立即着手组织人力、物力，修筑堤坝以阻挡洪水。然而，经过几次洪水的冲击，堤坝损毁严重，效果并不理想。面对困境，李冰没有气馁，而是秉持着持续优化的精神，深入实地考察，寻找更优的解决方案。

他夜以继日地研究地形、水流，终于发现都江堰一带地形特殊，可以利用其天然优势，将江水引入内江，灌溉农田，同时又能防止洪水侵袭。于是，他带领百姓，历经千辛万苦，在都江堰修建了分水鱼嘴、宝瓶口和飞沙堰等水利工程。这些工程不仅成功地将江水引入内江，还巧妙地实现了分流、泄洪和排沙的功能，大大减轻了成都平原的水患。

然而，李冰并未满足于此。他深知水利工程需要不断维护和优化，才能保持其长期效益。因此，他定期组织百姓对水利工程进行检查和维修，确保其功能正常发挥。同时，他还鼓励百姓提出改进建议，不断优化水利工程的运行方式。在李冰的持续优化精神指引下，成都平原的水患得到了有效治理，农田得以灌溉，百姓安居乐业。李冰的持续优化精神不仅成就了都江堰这一古代水利工程的奇迹，更为后世留下了宝贵的精神财富。

一、要持续优化，追求卓越

执行不仅是一个完成任务的过程，更是任务得以实现和落地的关键。成功者深知，无论多么完美的计划，在执行过程中总会遇到各种挑战和变化。因此，他们始终保持着一种持续优化、追求卓越的心态，不断在执行中寻找更优解，以应对复杂多变的环境和挑战。

李冰的故事告诉我们，只有不断追求更优解，才能在执行中取得更大的成功。

1. 技术与方法的优化

在执行过程中，成功者善于运用各种方法和工具来优化工作流程。他们不断学习和探索新的技术和方法，以替代传统的、低效的方式。当前，技术的更新换代极为迅速，只有不断学习和应用新技术，才能保持领先地位。因此，成功者时刻保持对新技术的敏感性和好奇心，积极尝试并将其应用于实际工作中。

2. 团队协作和沟通的优化

团队协作和沟通是执行过程中的关键环节，直接关系到任务的完成质量和效率。因此，成功者会主动寻求团队成员间的共识与合作，借助高效的沟通手段化解误会与矛盾，从而提升团队协作的效能与品质。

3. 不断试错和迭代的精神

在优化过程中，他们不怕失败，敢于尝试新的方法和思路，即使遇到挫折和困难，也会从中吸取教训，不断调整和优化。只有不断试错和迭代，才能找到最适合自己的方法和路径，实现真正的优化。

在成功者的认知里，不断精进不再局限于技术层面的改进，更是一种深植于心的思考模式与生活哲学。他们时刻保持对执行的关注和思考，不断寻找更优解，以追求卓越和完美。这种持续优化、追求卓越的精神，不仅让他们在工作中取得了卓越的成果，也让他们在生活中不断突破自我限制，达成个人成就的最优化。

二、在执行中寻找更优解的策略与方法

要想成为各自领域的成功者，我们必须不断培养自己的持续优化能力。

1. 树立持续优化意识

我们需要培养持续优化的意识，这代表着对现状的不满足和对卓越的追求。无论从事哪个领域的工作，都应保持警觉，关注细节，寻找改进的

机会。

当我们发现自己的某些行为不够高效或完美时，不应急于自我否定，而应思考如何进行改进和优化。这种意识将激励我们不断寻找更优解，推动个人不断向前发展。

2. 培养反思和总结习惯

在执行任务后，及时回顾整个过程，分析自己的表现，找出不足之处。

（1）目标是否明确：在执行任务前，是否设定了清晰的目标？目标是否具体且可衡量？

（2）策略是否有效：采用的策略和方法是否有效？是否存在更佳的选择？

（3）资源是否充分利用：是否充分利用了所有可用的资源？是否存在资源浪费或使用效率低下的情况？

（4）时间管理是否得当：时间分配是否合理？是否存在时间浪费或拖延现象？

3. 制订并执行优化计划

在反思和总结的基础上，我们需要制订并执行优化计划。

（1）明确优化目标：根据反思结果，设定明确的优化目标。这些目标需具备可量化性，以便清晰地衡量个人成长。

（2）制定优化策略：针对不足之处，制定具体的优化策略。这些策略应该具有针对性和可操作性，以确保顺利实施。

（3）分配资源和时间：根据优化计划，合理分配资源和时间。确保有足够的资源和时间来支持优化行动。

（4）定期评估和调整：在执行改进策略期间，定期审视个人进展，并根据实际情况进行调整。如果某些策略效果不佳，及时更换为更有效的策略。

成功者的持续优化能力并非一蹴而就，而是通过系统性的理论学习与实践锻炼逐步培养的。我们必须保持开放的心态，勇于尝试，乐于学习，不断在执行中寻找更优解。只有这样，我们才能逐渐蜕变，成为各自领域的佼佼者。

第五节　坚韧不拔：面对挑战的执行韧性

在平凡与非凡的交汇处，成功者凭借卓越的技艺和非凡的毅力，成了独特的风景。他们不仅是技术的巅峰，更是精神的灯塔，激励着无数人追求更高的目标。在这条通往卓越的征途上，成功者经历了无数次的挑战与考验，每一次都仿佛是一次心灵的净化与提升。他们深知，真正的成功往往潜藏在无数次的失败与挫折之后，因此，他们以一种坚不可摧的意志，面对每一个挑战，迎接每一个机遇。

谭志强，一个从普通镗铣学徒工蜕变为熟练操作大型龙门镗铣床的杰出工匠，他的故事是对坚韧不拔精神的最好诠释。在数十载岁月的流转中，谭志强经历了无数次的磨炼与挑战，但他从未有过丝毫的退缩。从初入车间时的青涩与懵懂，到如今站在重型数控车间的沉着与冷静，他的每一步都凝聚着汗水与坚持。

面对复杂的技术难题和繁重的生产任务，谭志强始终保持着对技术的敬畏和对工作的热爱。他深刻认识到，唯有持续学习并追求进步，方能在激烈的竞争中保持领先地位。因此，他不断挑战自我，突破极限，用实际行动践行着坚韧不拔的精神。最终，谭志强凭借自己出色的技能和坚韧不拔的毅力，在重型数控车间中脱颖而出，成了中信重工的佼佼者。

一、成功者的坚韧：挑战中的磨砺与成长

坚韧不拔不仅是面对挑战时的精神支柱，更是通往卓越之路的必备品质。成功者深知，在任何领域，想要达到顶尖水平，都必须经历无数次的挑战与失败。正是这份坚韧不拔，让他们在逆境中屹立不倒，持续前行。

正如谭志强所展示的，无论遇到多大的困难和挑战，只要我们怀揣坚定的信念并付出不懈的努力，就一定能够克服一切，实现心中的梦想。坚韧不拔并非与生俱来，而是通过不断的修炼和磨砺培养出来的品质。在成功者看

来，坚韧不拔的核心是对目标的执着追求和对自我的严格要求。他们总是能够清晰地设定自己的目标，并为之不懈努力。

面对挑战时，心态至关重要。在成功者的世界里，情绪管理是一项重要的技能。他们懂得如何控制自己的情绪，避免在关键时刻因冲动而作出错误的决策。同时，他们还具备乐观的心态，他们相信困难只是暂时的，只要坚持下去，终将迎来胜利的曙光。

成功者还具备一种独特的自我激励能力。他们深知，在追求目标的过程中，自我激励是推动自己不断前进的重要动力。因此，他们总是能够找到适合自己的激励方式，如设定小目标、适时奖励自己等，以保持持续的前进动力。

坚韧不拔是成功者面对挑战时的精神支柱和必备品质。它体现在对目标的执着追求、对自我的严格要求、冷静理智的心态、独特的自我激励能力以及团队合作的精神上。他们通过不断的修炼和磨砺，培养出了这份坚韧不拔的品质，从而在各自的领域中取得了卓越的成就。

二、如何培养挑战中的智慧与策略

在理解了坚韧不拔的深层含义及其重要性之后，接下来探讨如何培养这种宝贵的品质。

1. 明确目标，坚定信念

要明确自己的目标，并坚定信念。只有当我们对目标有清晰的认识，并坚信自己能够实现它时，我们才能在面对困难时保持坚定的信念和动力。同时，我们还需要学会调整自己的心态，保持积极乐观的态度，相信自己有能力克服困难，实现目标。

2. 制订计划，持续努力

制订详细的计划，并持续努力。计划是实现目标的基石，它能帮助我们明确自己的行动方向和步骤，确保我们在面对挑战时能够有序应对。我们还应不懈地努力，不断克服困难，推动自己向前发展。

3. 培养韧性，保持冷静

培养自己的韧性，保持冷静和理智。当面临挑战与困境时，我们常常会经历焦虑、恐慌或失落等消极情绪的冲击。这些情绪若不加以控制，将削弱我们的意志力和行动力。

我们需掌握调控自身情绪的能力，保持冷静与清醒的头脑。这要求我们具备自我调节的能力，通过深呼吸、冥想等方式来平复情绪。同时，我们还要学会接受现实，不被一时的困难和挫折打败。

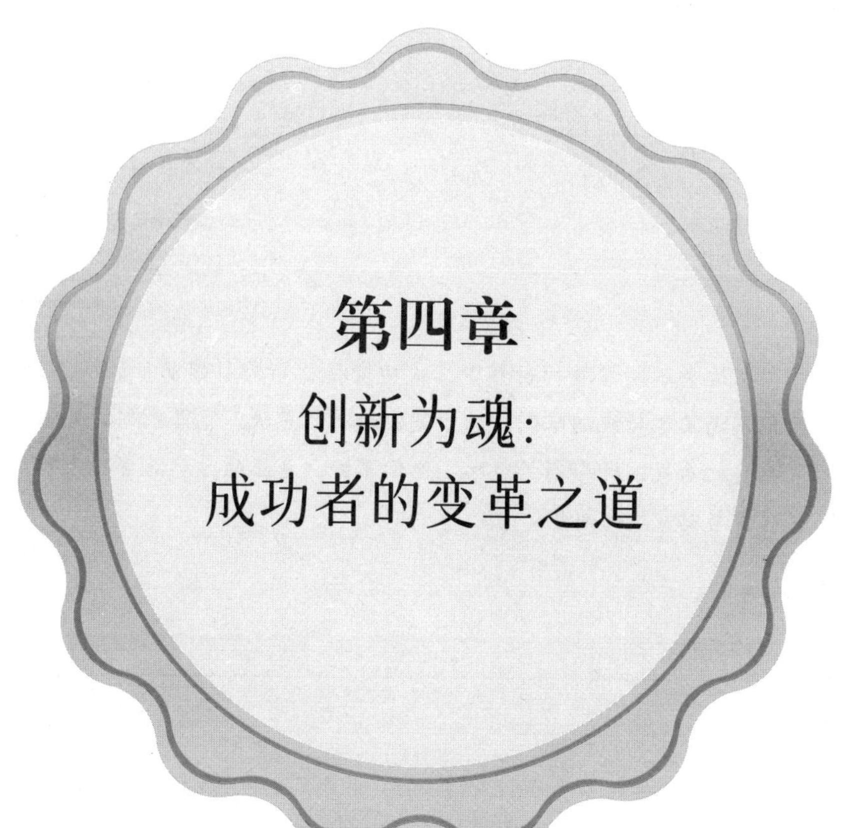

第四章

创新为魂：成功者的变革之道

在这个不断发展的世界中，成功者视创新为引领前行的明灯。他们不满足于传统的限制，敢于突破现有的界限，凭借独到的见解和卓越的勇气，开辟新的道路。他们深知，真正的力量源自对未知的探索与对常规的超越。

第一节　思维颠覆：创新思维的源泉

在这个快速变化的时代，成功者的成功很大程度上得益于他们独特的思维方式——一种能够不断挑战传统、引领潮流的创新思维。这种思维方式不仅是他们攻克难题的有效工具，更是推动他们持续成长的源泉所在。

“洋葱数学”是一个国内的在线教育平台，它以一种全新的方式教授数学知识，尤其注重利用动画和互动元素来吸引学生的学习兴趣。这个平台是由一群对教育充满热情的年轻人共同创建的，他们观察到传统的数学教学手法往往显得单调乏味，难以有效地点燃学生的学习热情。因此，他们决定打破传统，利用互联网和多媒体技术的优势，打造出一个充满趣味性和互动性的数学学习平台。

“洋葱数学”的核心创新在于其独特的动画讲解方式。每个数学知识点都被设计成一个动画故事，通过生动有趣的角色和情节，让抽象复杂的数学知识变得直观易懂。此类教学法不仅牢牢抓住了学生的注意力，还促进了他们对数学知识的深入理解和牢固记忆。除此之外，该平台还配备了充足的互动练习以及个性化的学习规划，让学生能够根据自身的学习节奏与兴趣来定制专属的学习方案。

这一新颖的教育模式赢得了师生及家长的广泛赞誉。众多学生反馈，经由“洋葱数学”的学习历程，他们对数学燃起了极大的热情，学习成绩也有了显著的提高。同时，该平台还积极与全国各地的学校和教育机构合作，推广其教育理念和方法，为推动我国教育事业的改革和发展作出了积极贡献。

一、成功者的创新思维之路

创新思维并非与生俱来的特质，而是能够通过后天的培育与实践逐步获得的。成功者的独到之处往往在于他们拥有一种与众不同的思维方式，这种思维方式使他们能够跳出传统框架，以全新的视角审视问题，从而发现解决问题的新方法。

"洋葱数学"很好地展示了国内企业在教育领域内的创新思维和实践。借助互联网与多媒体技术的力量，我们可以挑战传统的教学形式，为学生营造更加鲜活、富有趣味性以及个性化的学习环境，以此点燃他们的学习热情并激发内在的学习动力。

1. 好奇心：创新思维的火种

好奇心是创新思维的起点。成功者往往对周围的世界充满好奇，他们乐于探索未知，对任何新事物都保持开放和接纳的态度。这份好奇心驱使他们不断发问、深入思索，从而催生出创新的火花。

2. 批判性思维：挑战传统的勇气

批判性思维在创新思维中占据着举足轻重的地位。它要求人们不盲目接受既有观点，而是能够独立思考，分析评估信息的真实性和合理性。成功者擅长运用批判性思维，对传统观念进行质疑和挑战，从而发现新的视角和解决方案。

3. 联想与跨界：创新思维的翅膀

联想能力和跨界思维是成功者创新的重要工具。他们能够将看似无关的信息和领域联系起来，发现新的联系和规律，从而创造出新的价值。这种能力不仅要求成功者具备广泛的知识储备，还要求他们具备跨领域的思维方式和创新能力。

4. 试错与迭代：创新思维的实践

成功者深知，创新是一个持续演进与尝试纠正错误的过程。他们勇于尝试，不怕失败，通过不断的实践和调整，逐步逼近最佳解决方案。我们要培养创新思维，需要树立正确的失败观，将失败视为学习和成长的机会，勇于尝试新事物，不断在实践中总结经验，优化方案。

二、如何挖掘创新思维的源泉与力量

理论是行动的指南，但真正的改变需要付诸实践。

1. 构建好奇心体系，持续学习与探索

（1）探索未知领域与兴趣：尝试接触自己不熟悉或从未接触过的领域和兴趣，如学习编程、艺术或心理学等。这些未知领域的知识与独特视角能够为我们提供丰富的创新素材与灵感。

（2）参与交流讨论与社群互动：加入相关的社群或论坛，与志同道合的人们展开对话与分享，交流彼此的观点与思考。这样的互动能够点燃我们的好奇心，激发创造力，并推动思维的交汇与融合。

2. 培养批判性思维，独立思考与评估

（1）学会提问与质疑：在面对任何信息或观点时，都要学会提问和质疑。通过提出疑问与进行反思，我们能够深化对问题的理解，并揭露潜藏的问题与缺陷。同时，也要学会对自己的观点进行反思和评估，确保它们的合理性和可靠性。

（2）多角度分析与评估：面对问题时，尝试从多元的视角进行剖析与考量。这种多角度的审视将助力我们全面洞察问题，发掘新颖的解决方案与潜在机遇。同时，也要学会对不同的候选计划实施全面分析与对照，甄选出最优策略。

（3）勇于表达不同意见与观点：在团队协作或社交场合中，要勇于阐述自己的独到见解与不同观点。即使我们的观点可能不被接受或认可，也要坚持自己的独立思考和判断。

3. 勇于尝试与实践，迭代优化与改进

（1）设定创新目标与计划：为自己设定明确的创新目标和计划。这些目标可以是开发一款新产品、提出一项新方案或解决一个实际问题等。通过设定目标和计划，我们可以明确自己的创新方向和重点，激励自己不断尝试和实践。

（2）快速试错与迭代：在创新过程中，不要害怕失败和错误。相反，我们应当勇于探索新事物与新途径，持续在实践中识别问题并寻求解决方案。通过快速试错和迭代，可以更快地找到最佳解决方案，并不断优化和改进自己的方案。

4. 培养创新习惯与持续进步

（1）记录创新想法与灵感：在日常生活中，随时捕捉并记录自己脑海中闪现的创新念头与灵感。这些想法可能来自生活中的点滴观察、与他人的交流讨论或阅读学习等。通过记录这些想法和灵感，我们可以更好地整理和归纳它们，为未来的创新提供素材和灵感来源。

（2）定期反思与总结：定期对自己的创新实践进行深入的自我审视与归纳整理。剖析成功与失败背后的原因，提炼出经验教训与成功之道。借助这一过程，我们能够更清晰地认识自己在创新方面的优势与短板，为未来创新之路提供有益的借鉴与指引。

创新思维的培养是一个既漫长又充满挑战的过程。我们想要不断进步，就要通过持续的实践和努力，逐渐掌握创新思维的精髓，成为推动社会进步和发展的重要力量。

第二节　跨界融合：创新路径的拓宽

在成功者的世界里，没有一成不变的规则，也没有无法跨越的鸿沟。他们以艺术家般的姿态，从容不迫地在各个领域间游走，将看似无关的元素巧妙融合在一起，创造出令人惊叹的创新成果。

以中国移动为例，该公司在“AI+”领域的跨界融合实践堪称典范。中国移动技术研发团队强化了人工智能（Artificial Intelligence，AI）发展的基石，通过增强大规模计算能力、先进模型构建以及海量数据资源的供给效能，为AI技术的应用奠定了坚实的基础。他们在呼和浩特、哈尔滨两地建成了近2万“卡”的智算中心，并规划了10万“卡”级的智算集群，全网智算规模超过26.5EFLOPS（EFLOPS即每秒10的18次方次浮点运算），彰显了团队在算力建设上的持续优化与投入。

在实际应用中，该技术研发团队在“智能客服”领域取得了显著成果，成功覆盖了全国31个省份，率先将先进模型融入庞大的客服运营体系中，实现了服务质量和运营效率的双重提高。在“AI+网络”领域，他们已支撑超过3500项一线生产服务，通过AI技术优化网络性能，提高运营效率。

此外，该技术研发团队还积极与能源化工、农业、交通、文旅等多领域企业展开合作，如与中国石油共同打造“昆仑”大模型和统一的AI中台等，推动“AI+”在各行业的深入应用。这些跨界融合实践不仅提升了中国移动自身的竞争力，也为其他行业带来了创新动力，加速了传统行业的数字化变革与智慧化提升进程。

中国移动技术研发团队的持续优化精神，不仅体现在算力建设和AI技术应用上，更体现在他们与各行业企业的携手合作中。通过不断探索和实践，他们为“AI+”领域的跨界融合树立了典范，也为其他企业提供了宝贵的经验和启示。

一、成功者的跨界之旅

在快速变化的现代社会，跨界融合已成为推动创新与引领发展的关键动力。它不仅是趋势，更是成功者脱颖而出的思维方式和实践策略，通过融合不同领域的知识、技术、思维方式和文化资源，创造出全新价值。

跨界融合打破了传统界限，让思维自由驰骋，激发新创意和灵感，推动产品或服务迭代升级，甚至开创全新行业领域。在全球化竞争激烈的今天，跨界融合帮助个体或组织吸收整合其他领域的元素，形成独特的核心竞争力，敏锐洞察市场趋势并快速响应。

此外，跨界融合引入了多元化的思考方式和解决方案，拓宽了问题解决的路径，提高了效率和质量，培养了批判性思维和创新能力。它促进了不同文化之间的沟通与领悟，加深了相互的尊重，对社会和谐与进步起到了积极的推动作用。

培养跨界融合能力需要一定的理论支撑。认知灵活性理论强调灵活调整认知策略，运用多种知识框架解决问题；知识迁移理论强调将在某一环境中学到的知识运用到另一环境中，以建立不同领域间的关联；而创新思维理论则是跨领域融合的核心所在，它涵盖了发散性、汇聚性、侧向思维等多种思维形式，是激发新颖见解与解决方案的关键要素。跨领域融合不仅是个人全面发展的强大助力，也是驱动社会向前发展的强劲动力。

二、如何培养跨界融合能力

在这个快速变化的时代，跨界融合已经成为推动社会进步与创新的重要动力。这种能力并非与生俱来，但我们可以通过系统的培养和持续的努力，逐步掌握跨界融合的技巧，拓展创新的视野，最终成为该领域的佼佼者。

1. 构建多元知识体系

（1）广泛阅读与学习：通过阅读不同领域的书籍、期刊、报告等，了解不同领域的基础知识和发展趋势。借助在线课程、专题讲座及研讨会等教育资源，全面且系统地吸收新领域的知识与技能。

（2）开展跨学科交流：主动加入跨学科的研讨会、论坛及工作坊等活动，与来自不同领域的专家及学者深入交流，借鉴他们的思考方式与实践经验，从而拓展个人的认知视野。

（3）实践应用：将所学的知识应用于解决实际问题中，通过项目合作、志愿服务、创业等方式，将理论知识转化为实践能力，加深对不同领域知识的理解。

2. 培养批判性思维与创新能力

（1）提问与反思：对所学知识进行批判性思考，不断提问、质疑，寻找知识之间的内在联系和潜在的创新点。通过审视自身的学习历程，不断调整和完善学习策略，以提高学习效率。

（2）创意激发：借助头脑风暴、思维导图及SCAMPER技巧（涵盖替代、结合、调整、修改、另作他用、剔除、颠倒顺序）等工具和手段，激活创新思维，催生新颖的想法与解决方案。

（3）创意转化与迭代：将创意转化为实际产品或服务原型，通过用户反馈和测试，不断迭代优化，直至形成具有市场竞争力的产品或服务。

3. 提升适应与团队协作能力

（1）适应变化：面对快速变化的时代，学会适应新技术、新潮流、新市场环境的变化。通过持续的学习与实践，不断增强自身的适应性和应变能力。

（2）团队协作与领导力：在跨界融合的过程中，团队协作与领导力至关重要。掌握与不同背景的个体和团队有效合作的技巧，共同攻克难题。同时，培养自己的领导力，带领团队向既定目标前进。

4. 强化文化与情感交流

（1）跨文化交流：踊跃参与国际交流项目、国际峰会等活动，深入洞察不同文化的底蕴、价值观及行为模式。通过文化交融，增进对不同文化的认识与尊重，为跨界融合打下文化基础。

（2）情感共鸣与同理心：在跨界融合的过程中，重视与他人的情感共鸣与共情能力。通过倾听、感悟与支持他人，建立稳固的信任与和谐的人际关系，为跨界合作构建坚实的情感纽带。

跨界融合能力是一种综合性的能力，我们同样可以通过逐步培养和实践，掌握跨界融合的艺术，拓展自己的创新路径，最终成为该领域的佼佼者。在这个充满机遇与挑战的时代，跨界融合将是我们不断前行、创造未来的重要工具。

第三节　迭代升级：产品与服务的持续进化

在成功者的领域内，不存在一蹴而就的成功，也没有停滞不前的脚步。他们总是在不断地探索、尝试、反思，以迭代升级的方式，推动产品与服务的持续进化。正是这种对卓越永不停歇的追求，成了成功者在激烈市场竞争中能够崭露头角的核心要素。

在建筑行业这片古老而充满挑战的土地上，一智科技（成都）有限公司（以下简称一智科技）以其独特的“建筑+互联网”模式，书写了一段创业传奇。创始人刘勇刚，一位拥有近30年建筑行业经验的老兵，怀揣着对农民工兄弟的深切关怀和对行业痛点的深刻洞察，毅然选择二次创业，投身于建筑行业的数字化变革。

随后，一智科技应运而生，团队会聚了一群怀揣同样梦想的建筑人。他们深知，只有深入了解建筑行业的实际需求，才能开发出真正符合市场需求的产品。于是，“安心筑”建筑工程数字化管理平台应运而生，它围绕人员管理、进度监控、成本控制等关键环节，为施工企业提供了全方位的数字化解决方案。

随着“安心筑”的广泛应用，一智科技团队不断收集用户反馈，对产品进行迭代升级，确保每一个细节都能满足用户的期待。同时，他们还建立了完善的客户服务体系，提供24小时在线技术支持，确保用户在使用过程中遇到任何问题都能得到及时解决。

经过数年的努力，一智科技团队取得了令人瞩目的成果。“安心筑”已经服务了全国数百个项目，覆盖了数千家企业、班组和工人，有效解决了施工企业的后顾之忧，提高了工作效率和管理水平。更重要的是，一智科技团队通过数字化手段，为农民工提供了更加便捷、透明的工资发放方式，赢得了社会各界的广泛赞誉。

一、迭代升级的核心要素

迭代升级的核心在于持续改进与优化，它要求个体或组织具备敏锐的市场洞察力、强大的创新能力和高效的执行能力。这些能力的形成，离不开以下几个核心要素和思维方式的支持。如同一智科技团队的故事，是一段关于迭代升级、产品与服务持续进化的传奇。它告诉我们，只有不断创新和进取，才能在激烈的市场竞争中立于不败之地。

1. 市场洞察力是迭代升级的前提

成功者往往能够准确把握市场趋势和消费者需求的变化，从而及时调整产品与服务策略，这主要是因为他们具备了一种非凡的洞察力。这种洞察力并非与生俱来，而是源于对市场数据的深入剖析和对消费者行为的敏锐观察。通过长期的实践和学习，成功者逐渐培养出了这种能力，使他们在激烈的市场竞争中始终占据领先地位。

2. 创新能力是迭代升级的关键

成功者之所以能够不断提出新的想法和解决方案，推动产品与服务的持续进化，是因为他们拥有卓越的创新能力。这种能力的形成，既得益于深厚的专业知识积累，也得益于跨领域的思维碰撞和灵感激发。他们善于在专业知识的基础上，结合不同领域的智慧，创造出具有颠覆性的创新成果，引领行业的发展潮流。

3. 执行能力是迭代升级的保障

成功者往往能够将创新想法转化为实际行动，推动产品与服务的快速迭代。这种强大的执行能力，离不开高效的团队协作和项目管理能力。他们擅长组建默契配合的团队，通过精细化的项目管理和高效的沟通协作，确保创新想法能够迅速落地，转化为实实在在的产品和服务。

二、培养迭代升级能力的具体方法

在埋论的基础上，我们可以通过以下具体方法来培养自己的迭代升级能力。

1. 建立持续学习的习惯

迭代升级需要不断吸收新知识、新技能。我们可以通过阅读专业书籍、参加线上课程、通过加入产业论坛等途径来扩展自己的认知领域。同时，要保持对新技术、新趋势的敏锐关注，及时跟进市场动态和消费者需求的变化。

2. 积极参与项目实践

实践是检验真理的唯一标准。我们可以通过主动投身于项目实践活动中，来磨炼并提升自己的执行效能。在项目实践中，要注重团队协作和项目管理能力的提升，学会与团队成员有效沟通、分工合作，以及制订和执行项目计划。

3. 培养批判性思维和创造性思维能力

批判性思维和创造性思维能力是促进个人不断进步与创新的关键基石。我们可以通过以下三种方法来培养这两种能力：一是学会提问和反思，不断质疑自己的假设和观点，寻求更合理的解释和解决方案；二是积极参与创意激发活动，如头脑风暴、思维导图等，激发自己的创新思维和想象力；三是培养自己的跨界思维，通过跨领域的交流与合作来拓宽自己的视野和思维方式。

4. 建立用户反馈机制

用户的声音是迭代优化不可或缺的重要参考。为了有效收集并分析用户的意见和建议，我们可以构建一套完善的用户反馈机制，这涵盖了问卷调查、深度用户访谈以及社交媒体动态监测等多种途径。在收集到用户反馈后，要认真分析用户的需求和痛点，及时调整产品与服务策略。

5. 利用数字化工具和技术

在数字化浪潮的推动下，各类工具与技术为迭代升级注入了强劲动力。借助数据分析工具，我们能够深入洞察市场趋势与消费者需求的微妙变化；运用设计思维及其方法论，我们可以不断优化产品与服务的设计，使其更加贴合用户需求；而敏捷开发方法的应用，则极大地提升了产品迭代的效率与品质，确保我们能够快速响应市场，持续推出高质量的产品与服务。

迭代升级能力的培养并非一蹴而就，而是需要通过深入的理论学习和实践探索来逐步实现。我们要借助多种方法来提升自己的迭代升级能力，并保持对市场的敏锐洞察和对创新的执着追求，不断推动产品与服务的持续进化。

第四节　风险试错：创新过程中的智慧冒险

在创新与发展的征途中，成功者往往展现出一种非凡的能力——风险试错。他们敢于在未知领域中探索，勇于面对失败与挑战，并通过不断的尝试与调整，最终创造出令人瞩目的成就。

在广西南宁市江南区，有一群年轻人正以一种独特的方式书写着他们的创业故事。这个故事的起点，是江南区“青年创业集市”，一个由南宁市江南区委员会牵头创建的创业平台。

这里聚集了众多18至35岁的青年创业者，他们有着不同的背景，怀揣着各自的创业梦想。集市为他们提供了一个水电、租金全免的试错平台，让青年人在没有经济压力的情况下，尽情挥洒创意与汗水。

宁俊杰是其中的一位创业者。他曾尝试过视力矫正等科技产品的众筹集资创业，但因经验不足等原因失败。然而，他并未放弃，而是选择加入“青年创业集市”，在这里售卖手打柠檬茶。尽管创业之路充满挑战，如开拓客源、控制成本等，但他依然坚持，并从中体会到了创业的艰辛与价值。

与宁俊杰不同，王哲则显得更为从容。她经营的小酒摊在集市上颇受欢迎，日营业额最高时可达近800元。她善于观察市场、了解顾客需求，通过提供DIY鸡尾酒等创新服务，赢得了顾客的喜爱与信任。她的成功，不仅在于产品的创新，更在于她对市场的敏锐洞察与灵活应对。

“青年创业集市”以3个月为周期，到期后原来的创业青年要撤出来，腾给新的申请人，以此形成良性循环，帮助更多青年实现创业梦想。这种风险试错的创业模式，让青年人在实践中学习、成长，逐渐找到适合自己的创业方向。

一、风险试错的智慧与意义

风险试错，简而言之，是一种在创新过程中勇于尝试、敢于犯错，并从错误中汲取教训、不断调整策略的思维方式。它不仅是行动层面的勇敢迈进，更是心智层面的深度探索。在风险试错的过程中，成功者通常展现出对未知世界的无畏探索精神，以及对失败与挫折的深刻认识。

风险试错是创新过程中不可或缺的一环。创新往往伴随着未知与不确定性，而风险试错正是应对这种不确定性的有效手段。通过不断的尝试与调整，成功者可以逐步掌握创新的规律，找到解决问题的关键。在这一过程中，每一次挫败都转化为宝贵的教训，为未来的成功奠定了稳固的基石。

“青年创业集市”是风险试错中的智慧冒险。他们敢于尝试、敢于创新，在失败中不断总结经验，最终找到了属于自己的成功之路。这不仅仅是对个人能力的锻炼与提升，更是对社会发展与进步的有力推动。

成功者深知，创新之路从无捷径，它伴随着无数次的试验与挫败。他们不会因为一次或几次的失败就轻易放弃，而是会深入分析失败的原因，从中汲取教训，不断调整策略，直至找到成功的路径。这种智慧不仅展现在对挫败的深刻理解上，更彰显在对创新目标坚定不移的追求之中。

风险试错同样蕴含着深刻的启示与价值。它告诉我们，在创新的道路上，不要害怕失败，也不要因为一时的挫折而放弃。相反，我们应该勇于尝试、敢于犯错，从每一次的失败中汲取教训，不断提升自己的创新能力和应对风险的能力。只有这样，我们才能在创新的道路上不断前行，真正走向成功。

二、如何培养风险试错的能力

理论是指引行动的明灯，而实践则是验证理论真伪的试金石。在培育风险应对与尝试能力时，我们需将理论与实践紧密结合。

1. 树立正确的风险观念

首先，我们必须树立正确的风险观念。风险并非不可触碰的禁忌，而是创新旅程中不可或缺的伴侣。我们应认识到，缺乏风险便无创新可言，没有失败的磨砺，成功也难以企及。因此，在面对风险时，我们应该保持冷静、理性的态度，勇于面对挑战，敢于承担责任。同时，我们也要学会评估风险的大小和可能性，以便在风险可控的前提下进行尝试。

2. 培养敏锐的观察力和洞察力

敏锐的观察与深刻的洞察力是尝试新事物、面对风险的重要基石。我们需要通过观察和分析市场趋势、技术动态以及用户需求等方面的变化，来捕捉创新的机会和潜在的风险。在这个过程中，要善于从细微之处发现线索，从全局的角度思考问题，以便更好地把握创新的方向和节奏。

3. 勇于尝试和犯错

尝试和犯错是风险试错的核心环节。我们需要鼓起勇气，勇于探索新的思路与解决方案，敢于直面可能的挫败与挑战。在此过程中，保持开放的心态至关重要，我们应乐于接纳各方意见与建议，以便在实践中不断调整策略，优化方案。

4. 建立快速迭代和反馈机制

快速迭代和反馈机制是风险试错的重要保障。我们需要在尝试的过程中建立一种快速迭代和反馈的机制，以便及时调整策略、优化产品。这可通过持续的评估、测试及用户反馈机制来实现。

在评估过程中，要关注产品的性能、用户体验以及市场需求等方面的变化，以便及时发现问题并进行改进。在测试过程中，我们要注重模拟真实场景、测试产品在不同条件下的表现，以便更全面地了解产品的性能和潜在的问题。

在收集用户反馈时，我们应积极倾听用户的声音，深入了解他们的需求与期望。通过这些方式，我们可以建立一种快速迭代和反馈的机制，以便在风险试错的过程中不断优化产品、提升竞争力。

通过风险试错的过程，我们不仅能够提升自己的创新能力和应对风险的能力，还能够培养出一种独特的智慧和勇气。这份智慧与勇气将成为我们未来生活与工作中的宝贵财富，助我们更好地应对挑战，把握机遇，实现个人价值的最大化。

第五节　未来已来：拥抱变化的创新心态

当今时代，变化已成为常态。技术革新、市场变迁、社会进步……每一瞬间都在推动全球的发展不断向前。在这样的背景下，各个领域的成功者之所以能脱颖而出，往往是因为他们具备了一种能力——拥抱变化的创新心态。这种心态不仅让他们能够迅速适应新环境，还能在变化中寻找机遇，引领潮流。

2024年，腾讯携手北京市文物局共同推出的“数字中轴——北京中轴线申遗”项目，堪称传统文化与现代科技融合的典范。该项目通过数字孪生、云渲染和云游戏等前沿技术，搭建了全新的文化遗产保护和传承的数字生态。

“数字故宫”项目的核心在于运用数字化技术，对故宫这一拥有数百年历史的文化遗产进行保护与传承。腾讯团队在项目中发挥了关键作用，他们利用数字采集、三维建模、虚拟现实等前沿技术，为故宫打造了一个全方位的数字生态。这不仅让观众能够在线上近距离观赏故宫的精美文物，还极大地提升了故宫的文化传播力与影响力。

腾讯“数字故宫”团队的负责人张先生表示，他们深知，面对传统文化的保护与传承，现代科技有着不可替代的作用。因此，他们始终保持着对新技术、新趋势的敏锐洞察，并积极将其应用于项目中。正是这种拥抱变化、持续创新的心态，让腾讯团队在“数字故宫”项目中取得了显著成果。

此外，腾讯“数字故宫”团队还注重与故宫博物院的深度合作，共同探索文化遗产保护的新路径。他们通过技术交流与共享，不断推动项目的优化与升级，为文化遗产的数字化保护提供了有力支持。

腾讯“数字故宫”团队的成功实践，不仅为文化遗产的守护与传承开辟了新的路径与策略，也为其他企业在面对时代变迁时提供了宝贵的经验与启示。他们用自己的行动证明：唯有主动拥抱变革，持续创新，方能在日新月异的竞争环境中屹立不倒，引领潮流。

一、理解拥抱变化的创新心态

拥抱变化的创新心态，是一种积极的、前瞻性的心理状态。成功者在面对快速变化的环境时，能够敏锐地捕捉到周围环境中的微小变化，无论是技术趋势、市场需求还是社会动态。这种观察力并非一蹴而就，而是需要长期的训练和积累，保持对周围世界的好奇心和敏感性。同时，这种心态还意味着个体在面对变化时，不会感到恐惧或抗拒，而是以一种开放的心态去接纳和拥抱。成功者相信，每一次变化都蕴含着新的机遇和挑战，只有勇于尝试，才能抓住这些机遇，实现自我突破和成长。

除了敏锐的观察力和开放的心态，持续的学习也是拥抱变化的创新心态的重要组成部分。在瞬息万变的当下，学习已然成为人们的一种生存常态。成功者深知，唯有持续学习，方能紧跟时代节拍，免于被淘汰的命运。他们不仅学习专业知识，还关注跨领域的知识和技能，以拓宽自己的视野和思维方式。这种持续的学习态度，不仅让个体能够迅速适应新环境，还能在变化中寻找新的机遇，引领潮流。

但理论学习唯有与实践相融合，才能绽放出真正的光芒。因此，勇于实践也是拥抱变化的创新心态的重要体现。成功者不仅善于思考，还敢于行动。他们通过亲身实践来检验自己的构想，不断调适与优化，以此在实践中汲取养分，实现自我成长。这种勇于实践的精神，让他们能够在变化中不断探索和创新，实现自我超越。

最后，坚韧不拔的毅力是拥抱变革、秉持创新心态的关键要素。成功者坚信，每一次挫败都是通往胜利的必经之路。正是这份坚韧不拔，使他们在逆境中屹立不倒，最终抵达成功的彼岸。这种精神不仅让个体能够在变化中保持坚定的信念和决心，还能激发他们不断挑战自我、追求卓越的勇气。

二、如何培养拥抱变化的创新心态

了解了拥抱变化的创新心态的理论基础之后，接下来我们将探讨如何在实际操作中培养这种心态。

1. 培养敏锐的观察力

（1）日常记录：养成每天记录自己所见所闻的习惯。无论是工作中的小发现，还是生活中的小感悟，都应该记录下来。这些记录资料将成为我们洞察世事、把握变化的珍贵财富。

（2）信息筛选：在信息化时代，精准筛选有价值的信息显得尤为重要。我们可以根据个人兴趣及需求，精选一些信誉良好的新闻平台、专业社区或社交媒体账号进行追踪。

（3）交流分享：与不同背景的人交流，可以拓宽视野和思维方式。还可以参加行业会议、研讨会或线上社群，与同行、专家或跨领域的人进行交流和分享。在交流中，我们可以听到不同的声音和观点，从而激发思考和创新。

2. 保持开放的心态

（1）接受新事物：面对新生事物，我们应保持开放心态，不急于排斥或拒绝。试着去了解它、体验它，看看它是否能给我们带来新的启示或价值。即使最终发现它并不适合我们，这个过程也是一次宝贵的学习经历。

（2）反思与自省：定期反思自己的心态和行为，看看是否有过于保守或固执的地方。如果有，试着调整自己的心态，以更加开放和包容的态度去面对世界。

（3）寻求反馈：向他人寻求反馈是保持开放心态的有效方法。我们可以向同事、朋友或家人请教他们的看法和建议，从而发现自己的盲点和不足。同时，也要学会倾听他人的声音，尊重他们的观点和感受。

3. 勇于实践的态度

（1）先做尝试：在初次接触新事物时，不妨采取小规模、低成本的尝试方式，如先做一些小规模的试验。这样不仅可以降低风险，还可以让你在实践中逐步积累经验和信心。

（2）团队合作：与他人合作可以让我们更快地学习和成长。我们可以组建一个跨领域的团队，共同探索新的领域和机会。在团队合作中，可以从他人的经验和知识中受益，同时也可以锻炼自己的沟通和协调能力。

（3）迭代优化：在实践探索中，难免会遇到各种难题与挑战。这时，不要气馁或放弃。相反，我们应该将这些问题视为学习和成长的机会。通过不断调整和完善方案，逐步提升自身的创新力与问题解决力。

4. 培养坚韧不拔的精神

（1）直面失败：在创新过程中，失败在所难免，当遇到失败时，不要过于自责或沮丧。相反，我们应视失败为成长的催化剂，从中提炼教训，调整策略，勇往直前。

（2）寻找支持：在遇到困难时，不要孤军奋战。我们可以向同事、朋友或家人寻求支持和帮助。来自他人的支持与鼓励将成为我们直面挑战、攻克难关的重要力量。

拥抱变化的创新心态需要我们在日常生活中不断训练和实践，逐渐培养出这种心态，从而在未来的竞争中脱颖而出。

第五章

择善而交：成功者的社交艺术

在复杂多变的现代社会，社交的重要性不言而喻。各个领域的成功者会运用智慧和真诚，精心构建起属于自己的社交网络。他们不仅拥有敏锐的洞察力，还精通于维护与发展这些关系，使其成为推动事业与生活向前发展的强大动力。

第一节 精准识人：洞察人心的社交智慧

在人际交往中，成功者往往能够凭借敏锐的洞察力，精准地识别出他人的性格、需求和潜在意图，从而在社交场合中表现得更加游刃有余，进而赢得他人的信赖与敬重。拥有这样的社交技巧与能力，不仅能促进人际关系的和谐，还能为个人发展铺设更广阔的道路，带来更多的机遇与可能。

《三国演义》记载，蜀国丞相诸葛亮面对南方彝族首领孟获的反抗，展现了精准识人与洞察人心的社交智慧。诸葛亮深知孟获虽勇猛好战但性格直爽、重视信义，在南方享有极高的威望。于是，他采用了“七擒七纵”的策略，而非只依靠武力去压制。

在每次擒获孟获后，诸葛亮都耐心劝导，分析形势，给予其反思和再次挑战的机会。通过这一过程，诸葛亮不仅展示了军事上的强大，更让孟获逐渐认识到自己的不足和诸葛亮的宽广胸怀。最终，孟获真心诚意地折服，并表达了愿意归顺蜀汉的意愿，使得南方地区得以稳定。

一、精准识人的社交智慧

成功者的精准识人能力并非与生俱来，而是建立在深厚的人性和心理学理论基础之上。他们通过持续的学习与实践积累，逐渐构建起了独具特色的识人体系。

从诸葛亮“七擒孟获”的故事中，我们不仅看到了其卓越的军事才能，还见证了精准识人与洞察人心的社交智慧。在人际交往中，成功者会深入洞察对方的内心世界，理解其需求和动机，运用智慧和策略解决问题，而非简单依靠暴力或强制手段。

人的本质是多元且易变的，个体的性情、价值导向、经历和情感都是独一无二的。因此，不能简单地将人划分为好与坏、对与错，而是努力理解每个人的独特性和复杂性，从而对人作出准确的判断。

成功者擅长运用心理学原理来解读人心。他们了解人的心理需求和动机，知道如何通过观察和沟通来揭示他人的内心世界。他们善于倾听，能够从对方的话语、语气和表情中捕捉到微妙的信息，进而推断出对方的真实意图。

此外，成功者还具备丰富的社会经验和知识储备。他们通过广泛的社交活动和实践经验，积累了对不同人群和情境的认知。这种经验和知识使他们能够更准确地判断他人的性格和需求，从而做出恰当的回应。

成功者的精准识人能力是基于对人性的深刻理解、心理学原理的运用、丰富的社会经验和知识储备以及高度的同理心和情商之上的。这些关键因素共同塑造了成功者在人际交往中的识人体系，让他们在社交场合中能够游刃有余。

二、如何培养精准识人的能力

在了解了精准识人的理论基础之后，我们应当如何将这些理论应用到实际生活中，逐步提升自己的精准识人能力呢？

1. 培养敏锐的观察力

（1）关注细节。在与他人交往时，细心观察对方的言行举止，包括面部表情、肢体语言和语调等。这些细节往往能够透露出对方的情绪状态、性格特点和潜在需求。

（2）捕捉非言语信息。非言语信息，如身体姿态、面部表情、声音语调以及目光交流，通常比言语更能深刻地揭示一个人的真实情感与内心状态。因此，在与他人交往时，我们要保持警觉，捕捉这些非言语信息，从而更准确地理解对方的真实想法和需求。

（3）练习观察技巧。我们可以选择一些观察对象，如朋友、同事或陌生人，对他们进行细致的观察和分析。通过不断的练习和实践，我们可以逐渐提高自己的观察技巧，更加敏锐地捕捉他人的言行举止中的微妙信息。

2. 提升同理心与沟通能力

（1）培养同理心。同理心是精准识人的重要基础。它要求我们需要具备换位思考的能力，去真正体会他人的环境与情感，以便更精确地捕捉对方的真实意图与需求。为了培养这种同理心，我们可以尝试站在对方的角度去审视问题，深入体会他们的观点与情感。

（2）提升沟通能力。通过与他人的交流，我们可以更加深入地了解他们的想法和需求，从而更加准确地判断其内心世界。为了增强沟通能力，我们可以掌握一些交流技巧，比如专注倾听、巧妙提问以及给予有效反馈等。同时，我们还要注重自己的语言表达和情绪管理，确保在与他人交流时能够保持清晰、准确和积极的沟通氛围。

3. 深化对人性的理解

（1）阅读与学习。多读一些探讨心理、社会现象及哲理方面的著作和文章，深入地了解人性的本质和复杂性，从而更加准确地判断他人的内心世界。同时，还可以参加一些心理学或社会学的课程或讲座，与专业人士进行交流和探讨，进一步拓宽自己的视野和思路。

（2）观察与分析。在日常生活中，可以观察身边的人和事，分析他们的行为模式和情感反应。通过不断的观察和分析，我们可以逐渐掌握人性的规律和特点，从而更加准确地判断他人的内心世界。

4. 进行综合分析与判断

（1）整合信息。在精准识人的过程中，我们需要将对方的言行举止、非言语信息、情感反应等信息综合起来分析，以便更深入地洞察对方的内心活动和行为特征。

（2）逻辑推理。整合信息后，我们需要进行逻辑推理和判断。我们可以根据对方的言行举止和非言语信息来推测其情绪状态、性格特点和潜在需求；同时，我们还可以根据对方的社会角色、身份认同和群体归属来推测其行为模式和选择。通过逻辑推理和判断，我们可以更加准确地把握对方的内心世界和行为模式。

（3）验证与调整。最后，我们需要对自己的判断进行验证和调整。我们可以通过与对方进行进一步的交流来验证自己的判断是否正确；同时，我们还要根据对方的反馈和表现来调整自己的判断。通过不断的验证和调整，我们可以逐渐提高自己的精准识人能力。

精准识人是一种洞察人心的社交智慧，当我们掌握了这种能力后，就能更加准确地理解他人的真实想法和需求，从而建立起更加深厚的人际关系。

第二节　情感链接：建立深厚的人际关系

真正的成功者，不仅在于他们拥有高超的技能或卓越的才华，更在于他们擅长建立深厚的人际关系，形成强大的情感纽带。这种能力使他们在错综复杂的人际交往中表现得游刃有余，从而在职业和个人生活中收获成功。

小李以诚实、倾听、沟通和分享的品质，成功地在团队中赢得了广泛的认可与尊重。

他深知，真诚是建立任何关系的基石，因此他真诚地关怀每位同事，无论是工作上的挑战还是生活中的困扰，都给予耐心倾听与帮助，赢得了同事们的信任。在团队讨论中，他全神贯注地倾听每个人的想法，展现出强烈的同理心，作出合理决策。他慷慨地分享自己的职场心得与人生历程，促进了团队成员间的相互理解和信赖，增强了团队的凝聚力。

小李尊重每位成员的独特性与选择，对他们的不完美之处持包容态度，并提供成长的机会。他还时常组织团队聚会，如共进晚餐、户外探险等，以此加深成员间的情谊。同时，他还关注成员个人发展，提供职业规划和培训机会，助力他们实现自我价值。

一、情感链接的理论基础：深度共鸣与相互理解

情感链接的本质在于深度共鸣与相互理解。这种共鸣与理解并非一蹴而就，而是基于对人性的深刻洞察、情感的细腻感知以及沟通技巧的精湛运用。

正如小李所展现的做法，不仅提升了团队的凝聚力与向心力，还激发了团队成员的动力和创造力。真诚是建立任何关系的基石。在人际交往中，成功者从不掩饰自己的真实想法和情感，而是勇于表达，并敢于承认自己的不足。这种真挚不仅显露于言辞之中，更贯穿于行为与态度里，由此赢得他人的信赖与敬重。信任的建立，为情感的共鸣提供了稳固的基础。

倾听是快速抵达他人心灵深处的桥梁。成功者擅长运用共情力，将自己置于他人的位置上，深切体会他们的境遇，领悟他们的情绪与需要。通过倾听，他们不仅能够捕捉到他人言语中的微妙信息，还能洞察到对方未言明的需求，从而给予最恰当的支持和帮助。这种倾听与同理心的运用，加深了双方的理解，促进了情感的共鸣。

成功者擅长通过表达与分享来加深彼此之间的情感联系。他们不仅勇于表达自己的情感和想法，还乐于分享自己的经历和资源。这种表达与分享不仅增进了双方的了解和信任，还激发了共同的兴趣和话题，为关系的深化提供了源源不断的动力。

每个人都有自己的性格和观点。成功者深知这一点，因此他们从不试图改变他人，而是尊重他人的选择和决定，包容他人的不足和错误。这种尊重与包容不仅体现了他们的宽容和谦逊，也为关系的和谐与持久奠定了坚实的基础。尊重与包容，使得情感的共鸣得以持续，人际关系得以深化。

二、如何培养情感链接能力

在了解了情感链接的理论基础之后，我们可以通过以下实操方法来培养自己的情感链接能力。

1. 培养真诚与信任的态度

真诚是建立情感链接的基石。

（1）勇于表达真实想法：不要害怕表达自己的真实想法。当我们敢于说出自己的真实感受时，才能与他人建立起真正的联系。

（2）承认自己的不足：不要害怕承认自己的不足和错误。当我们敢于正视自身缺陷，方能赢得他人的敬重与信赖。

（3）保持一致性：在言行举止上保持一致，不要让他人感到我们的虚伪和矛盾。这种一致性将帮助我们建立起稳固的信任基础。

2. 提升倾听与理解的能力

倾听是建立情感链接的关键。

（1）悉心聆听：在与他人对话时，应全神贯注地聆听他们的言辞，避免分心或插话。这样的专注能帮助我们更深刻地领悟他们的感受与需求。

（2）展现共情：将自己置于他人的立场，去感受他们的境遇，理解他们的情绪与观念。通过同理心，我们可以给予他人最恰当的支持和帮助。

（3）提问与反馈：在倾听过程中，可以适当地提问和给予反馈，以表明我们在关注并理解他们的话语。

3. 锻炼表达与分享的技巧

表达与分享是情感链接的重要组成部分。

（1）勇于表达自己的情感：不要害怕表达自己的情感，尤其是当与他人产生共鸣时。通过表达情感，我们可以与他人建立起更紧密的联系。

（2）分享自己的经历和资源：与他人分享自己的经历和资源，如故事、知识、技能等。通过分享，我们可以与他人建立起共同的话题和兴趣，从而加深彼此之间的了解和联系。

（3）注意表达方式：在表达时，要注意语气、语速和表情等细节，以确保我们的表达清晰、准确且易于理解。

4. 培养尊重与包容的品质

尊重与包容是构筑融洽人际关系的根本。

（1）尊重他人的选择和决定：不要试图改变他人，而是尊重他人的选择和决定。

（2）包容他人的不足和错误：给予他人成长的空间和时间，不要过于苛求或指责。当我们包容他人的不足时，才能建立起更加和谐的关系。

（3）学会换位思考：尝试从他人的角度思考问题，理解他人的立场和感受。通过换位思考，我们可以更加宽容地看待他人的行为和言论。

成为成功者并建立深厚的人际关系并不是一蹴而就的事情。它要求我们不间断地学习与实践，增进自身的能力与素养，逐步锤炼出更强的情感链接能力，进而在人生的旅途中赢得更多的成就。

第三节　影响力塑造：提升个人魅力的策略

成功者通常凭借其独特的个人魅力，吸引他人关注，赢得信任与支持，从而在各个领域游刃有余。这种影响力的塑造，并非一朝一夕之功，而是深植于深厚的内在修养与外在表现的和谐统一。

李程，初入职场时并不起眼，甚至因缺乏自信而显得胆怯。但他深知个人魅力对职业发展的重要性，于是开始了自我提升的旅程。

李程利用业余时间广泛阅读，拓展知识视野，通过写日记反思自己的言行，学会控制情绪，逐渐变得成熟稳重。他开始注重着装与仪表，选择符合职业形象的着装，保持整洁得体。在人际交往中，他学会了倾听与表达，展现出自信与风度，成为同事与领导眼中的焦点。

此外，李程还积极参加行业会议与社交活动，利用自己的专业知识为同事与合作伙伴提供帮助，赢得认可与尊重。同时，在社交媒体上分享自己的见解，逐渐塑造了个人魅力。

面对挑战与压力，李程学会了调整心态，保持乐观和坚韧，通过冥想与正念练习提升情绪管理能力。他将所学策略与方法应用于生活，不断积累经验，定期向领导与同事寻求反馈，持续改进。经过几年努力，李程从一个职场新人成长为备受尊敬的行业精英，他的个人魅力赢得同事、领导及合作伙伴的广泛认可与合作机会。

一、影响力的内核与构成

影响力的核心在于个人魅力的展现，这种魅力由内而外散发，既涵盖了对内在品质的锤炼，也涉及对外在形象的塑造。

成功者的影响力，首先源自其内在品质的卓越。他们往往拥有坚定的信念，无论面对何种艰难处境，都能坚守底线，不为外界诱惑所摇摆。这种正直与坚韧，使他们在人际交往中赢得了他人的尊重与信任。同时，他们具备广博的知识与深刻的洞察力，更善于从复杂的信息中提炼出真知灼见，并以独到的视角观察世界，这种智慧的光辉，自然而然地吸引着人们的目光。

成功者的外在表现同样令人瞩目。他们通常举止得体，言谈恰当，无论是面对陌生人还是熟人，都能迅速建立起良好的第一印象。他们擅长倾听，能够敏锐地捕捉到他人的情绪与需求，给予恰到好处的回应与关怀。他们的眼神中透露出自信与坚定，让人感受到一种无形的力量，仿佛只要跟随他们的步伐，就能找到前进的方向。

成功者的影响力还体现在其社会资本的积累上。他们通常拥有广泛的社交网络，能够轻松地在不同领域间穿梭，寻找合作与共赢的机会。他们善于利用自己的影响力，为身边的人创造价值，同时，他们也从这些互动中汲取新的灵感与能量，不断提升自我。

然而，成功者的影响力并非一蹴而就，它需要时间、耐心与持续的努力。成功者深知，真正的魅力源自内心的修炼，而非外在的包装。因此，他们不断地学习、反思与成长，将每一次的经历都视为提升自我的契机。

二、提升个人魅力的策略与方法

理论是基础，实践才是关键。以下是一些具体策略与方法，帮助我们逐步提升个人魅力。

1. 内在品质的提升

（1）持续学习：将学习作为一种生活方式，不断拓宽知识领域，深化专业技能。借助阅读书籍、参与培训课程、与业界专家对话等途径，不断增进个人的智慧与知识储备。

（2）自我反思：定期进行自我审视，识别并改进个人弱点。利用撰写日记、进行冥想等方式，锻炼自我反思能力，提升情绪智慧。

（3）诚信为本：在日常生活中坚持诚信原则，无论是小事还是大事，都要做到言行一致，赢得他人的信任与尊重。

2. 外在形象的塑造

（1）形象管理：根据职业与个人风格，选择合适的着装与配饰，展现专业与个性。同时，注重仪表细节，如保持整洁、修剪指甲、保持良好体态等。

（2）沟通技巧训练：加入沟通技巧培训课程，掌握高效聆听的秘诀与清晰阐述的方法。在交流中保持眼神接触，使用积极的肢体语言，增强沟通效果。

（3）自信培养：通过正面思维训练、公开演讲、角色扮演等方式，提升自信心。尝试承担更多责任，面对挑战时保持冷静与自信，展现个人风度。

3. 社会资本的积累

（1）主动建立联系：参加行业会议、社交活动，主动与他人建立联系。借助社交媒体渠道，拓宽社交领域，与有共同兴趣的人士保持交流。

（2）提供价值：在人际交往中，主动提供帮助与支持，分享个人知识与经验。通过为他人创造价值，赢得他人的认可与尊重。

（3）维护声誉：在社交媒体与个人博客等平台分享有价值的内容，展现个人专业能力与见解。同时，保持谦逊与尊重，避免负面评价或争议，维护个人品牌形象。

4. 情绪智力的提升

（1）情绪管理：掌握情绪调控方法，如深呼吸、静心冥想、正念修行等手段，帮助自己在面对压力时保持冷静与理智。

（2）同理心培养：通过倾听、观察与反思，培养同理心，理解他人情绪与需求，在互动中表达关怀与扶助，加深人际纽带的牢固度。

（3）自我激励：设定个人目标与愿景，保持积极心态。当遭遇困境与挫败时，能迅速调整心态，保持积极向上的韧性。

影响力的构建是一个融合内在修炼与外在表现、不断进取的历程，我们也可以逐步培养出独特的个人魅力。在这个过程中，最重要的是保持一种开放、学习与成长的心态，因为真正的魅力，不仅在于外表的光鲜亮丽，更在于内心的丰富与深邃。

第四节　危机公关：维护社交网络的智慧

在应对不利事件和重建公众信任方面，紧急公关策略发挥着至关重要的作用，其重要性不言而喻。在危机公关领域，成功者之所以与众不同，不仅在于他们拥有快速响应和精准沟通的能力，更在于他们能够巧妙地运用和维护自己的社交网络，将危机转化为机遇，展现出非凡的智慧与策略。

在2024年，一段视频在社交媒体上曝光，揭露了河南许昌胖东来超市一位厨师在制作员工餐时的不规范操作，包括随意丢弃食材以及未佩戴必要的卫生防护装备。这一事件迅速引起了公众的广泛关注，并对以优质服务闻名的胖东来企业在食品安全管理上的能力提出了疑问。面对公众的质疑，胖东来迅速作出回应，通过其官方账号发表声明，承诺将立即启动调查。

为了彻底查明真相，胖东来成立了一个由管理层、食品安全专家以及第三方审计机构成员构成的调查小组，对事件进行了全面而深入的调查。调查小组不仅审阅了现场监控录像，还与涉事厨师、目击证人以及相关管理人员进行了深入访谈，最终形成了详尽的调查报告。报告中，胖东来详细阐述了事件的经过，并公开了对涉事员工的处理决定。尽管最初考虑过解雇涉事厨师，但经过进一步的调查与考量，发现该员工平时表现良好，此次事件实属偶然失误。因此，胖东来决定调整其岗位，同时全面加强所有员工的食品安全培训，以提升企业的整体食品安全管理水平。

一、危机公关与社交网络的智慧融合

社交网络，简而言之，是个人在社交活动中积累的各种联系的总体表现。在危机公关的语境下，一个强大且多元化的社交网络意味着更多的信息来源、更广泛的资源调动能力以及更强的社会支持。

胖东来通过翔实的调查报告和透明、公正的处理方式，展现了企业对公众声音的重视和负责任的态度。报告不仅满足了大众对真相的探索欲，还体现了企业的人情味和包容性。在处理结果上，胖东来的管理团队没有简单地采取“一刀切”的解雇方式，而是根据实际情况进行了人性化的调整，赢得了公众的广泛赞誉。此次危机公关事件不仅成功化解了企业的负面形象，还进一步提升了胖东来的品牌美誉度和公众信任度。

可以说，胖东来再次证明了在危机公关中如何巧妙运用社交网络、快速响应、精准沟通以及展现企业价值观的重要性。成功者深知，危急时刻，往往是社交网络发挥最大效用的时刻。通过社交网络，他们能快速获取第一手资讯，把握舆论走向；能够调动行业内外资源，共同应对挑战；更能借助信任伙伴的力量，传递正面信息，重塑形象。

成功者在危机公关中的另一大特质，是他们对情感的敏锐洞察与精准管理。在危机爆发时，公众的情绪往往处于高度敏感状态，任何不当的言行都可能加剧事态。成功者懂得如何运用社交网络中的情感纽带，以同理心理解受众，通过真诚沟通，缓解紧张情绪，建立情感共鸣。他们擅长讲述故事，用正面案例或个人经历，传递希望与正能量，从而在情感层面赢得公众的理解和支持。

但值得注意的是，成功者所建立的人际关系并非短时间内能够达成的，而是历经长时间的细致打造与细心维护所得到的成果。他们懂得在不同阶段与不同的人建立联系，保持适度的互动与交流，确保在关键时刻能够迅速激活网络。同时，他们也注重人脉网络的质量而非数量，倾向于与那些具有共同价值观、互补能力强的人建立深度合作关系，这样的网络更加稳固且高效。

二、如何培养危机公关能力

对于我们而言，虽然难以立即达到成功者的境界，但通过系统的学习和实践，逐步培养危机公关能力，特别是维护和运用社交网络的智慧，是完全可行的。

1. 培养意识：危机预防与人际关系积累

（1）危机意识培养。首先，要时刻保持危机意识，认识到成功背后可能隐藏着未知的风险。其次，通过阅读危机公关案例、参加相关培训，提高对危机的敏感度和预见性。

（2）主动积累人际关系。在日常生活中，积极参与各类社交活动，如行业会议、志愿者服务等，主动拓展朋友圈。利用社交媒体平台，如领英（LinkedIn），建立职业联系，保持信息的流通与更新。

2. 深化关系：真诚互动与互惠互利

（1）真诚沟通。建立人际关系的基础是真诚。在与他人交往时，展现真实的自我，倾听对方的需求与想法，通过真诚的对话加深彼此的理解与信任。

（2）互惠互利。在帮助他人的同时，也寻求合作的机会，实现双赢。无论是职业上的建议还是个人成长的支持，都能成为深化关系的桥梁。

3. 强化能力：专业技能与情感智慧并重

（1）提升专业技能。学习危机公关的基本理论和技巧，如媒体关系管理、信息监测与分析等。借助情景模拟训练，提升面对紧急情况的迅速应对能力和交流效率。

（2）培养情感智慧。深化共情能力，练习从他人视角思考，掌握不同情境下的情感反馈。通过阅读心理学书籍、参加情商培训课程等，提升自己的情感管理能力。

4. 策略布局：构建多元化社交网络

（1）多元化原则。构建社交网络时，注重行业内外、不同年龄层、不同背景的多样性，这样可以在危机发生时，从不同角度获取信息和解决方案。

（2）定期维护。人际关系如同花园，需要定期打理。通过节日问候、小范围聚会等方式，保持与关键联系人的联系，让关系持续升温。

5. 实战演练：模拟危机与反思总结

（1）模拟危机情境。定期组织或参与危机公关模拟演练，模拟不同类型的危机事件，检验社交网络的响应速度和有效性。

（2）反思与调整。每次演练后，进行深入的反思与总结，识别存在的问题与不足，及时调整社交网络结构和沟通策略。

要想成为危机公关中的成功者，需要时间的积累和持续的努力。通过有意识地建立和维护社交网络，结合专业技能和情感智慧的培养，我们也能逐步提升自己的危机应对能力，最终在关键时刻展现出更多的从容与智慧。

第六章

情绪管理：成功者的内心修炼

在人生的旅途中，各个领域的成功者深知情绪的力量，他们懂得如何驾驭内心的波澜，使之成为推动自我成长的强大动力。成功者明白，真正的强大不仅仅体现在外在的成就上，更在于内心的平和与坚韧。在本章中，我们将探讨如何通过情绪管理来实现内心的修炼与提升，从而在面对挑战时，保持冷静与理智，以更加从容的态度，迎接生活中的每一个瞬间。

第一节　情绪识别：自我觉察的第一步

成功者之所以能在工作和生活中游刃有余，不仅在于他们拥有超凡的技能和智慧，更在于他们具备了一项至关重要的能力——情绪识别与自我觉察。这不仅是他们理解自我、洞察他人的钥匙，更是他们通往内心平静与外在成功的桥梁。

王伟是位表现出色的职员，但内心常感焦虑和不安，这严重影响了他的工作和人际关系。他意识到问题的根源在于对工作的过度投入和过高要求，这导致了紧张焦虑，使他难以集中精力。为了改变现状，王伟参加了情绪管理培训，学会了如何识别和管理情绪，以及如何建立有效的沟通。在实践中，他开始记录情绪变化，分析其原因，并尝试通过深呼吸、冥想等放松训练来缓解焦虑。

同时，王伟积极与同事沟通，分享自己的感受，寻求他们的支持。尽管过程中遇到了挑战，但他坚持管理自己的情绪，并逐渐养成了良好的习惯。此外，他还关注自己的身体健康，保持规律作息，加强锻炼，改善饮食。这些不仅提升了他的身体素质，也改善了他的情绪状态。通过情绪管理，王伟实现了自我成长和进步。

一、情绪识别与自我觉察的深层联系

情绪识别，简而言之，是指个人能够敏锐地察觉、辨识并领悟自己及周围人的情感状况。它不仅仅是对喜怒哀乐等基本情绪的简单分辨，更是对情绪背后深层次原因、动机及影响的深刻理解。成功者擅长在情绪初现端倪时便敏锐捕捉，如同一位经验丰富的航海家，能在风云变幻的大海中找到指引方向的灯塔。

如同王伟，他学会了如何识别和管理自己的情绪，这对他未来的生活和工作都将产生深远的影响。他意识到，情绪调控不仅是一种技巧，更是一种人生哲学。唯有掌握与自己平和共处的艺术，才能更加从容地应对人生的波折与考验。

自我觉察，则是情绪识别的高级阶段，它要求个体不仅识别情绪，更要深入探索这些情绪产生的根源、对自我的影响以及如何通过调整情绪来促进个人成长和发展。自我觉察如同一面镜子，在面对内心世界的时候，能够清晰地看到自己的优点与不足，从而有针对性地作出改变。成功者之所以能在复杂多变的情境中保持冷静与理智，很大程度上得益于他们高度的自我觉察能力，这样能使他们在情绪起伏时迅速做出调整，维持内心的平静与稳定，从而更好地应对各种情境。

情绪识别与自我觉察相辅相成，互为表里。情绪识别为自我觉察提供了丰富的素材和切入点，而自我觉察则深化了对情绪的理解和处理能力。成功者通过不断的情绪识别与自我觉察实践，逐渐构建起一套完整的情绪管理体系，使他们在面对生活挑战时，能够从容不迫，以最佳状态迎接每一个当下。

二、从日常做起，培养情绪识别与自我觉察能力

对我们来说，情绪识别与自我觉察并非遥不可及的神秘技能，而是可以通过日常练习逐步培养的能力。

1. 建立记录情绪日记的习惯

情绪日记是一种既简单又高效的自我觉察工具。每天抽出几分钟时间，记录下自己当天的情绪变化、触发这些情绪的事件以及这些情绪对自己的影响。

起初，我们可能会觉得难以准确描述自己的情绪，但随着时间的推移，逐渐学会用更细腻、更精准的语言来表达自己的内心感受。这个过程不仅提高了自身的情绪识别能力，还能认识到情绪与事件之间的关联，从而学会更好地管理自己的情绪。

2. 实践正念冥想

正念冥想是一种通过专注于当前的呼吸，不带任何评价地觉察自己思维和感受的方法。它能够帮助我们从日常纷扰中抽离出来，以一种更加客观、冷静的视角观察自己的情绪。每天安排一段时间进行正念冥想，可以是早晨

起床后的几分钟，也可以是晚上入睡前的宁静时光。

在冥想过程中，努力使注意力集中在每一次的呼吸进出上，每当思绪开始游离时，温柔地引导它重新回到呼吸的节奏上。通过这种方式，我们会逐渐学会在情绪升起时保持冷静，不为情绪所牵引。

3. 情绪角色扮演

情绪角色扮演是一种通过模拟不同情绪状态来增进情绪识别的练习。可以选择一个特定的情绪，比如愤怒、悲伤、喜悦等，想象自己正处于触发这种情绪的情境中，然后试着通过肢体动作、面部表情以及语调来传达这种情感。

这个练习不仅可以更好地理解不同情绪的外在表现，还能让我们在体验过程中更加深入地感受到这些情绪背后的内心世界。通过角色扮演，可以增强对他人情绪变化的敏感度，进而提升共情能力，使自己更容易理解和体会他人的感受。

4. 寻求反馈与对话

在情绪识别与自我觉察的旅途中，积极寻求他人的反馈犹如获得了一面明镜，帮助我们映照出自己未曾留意到的盲点和不足。与信任的朋友、家人或心理咨询师进行深入的对话，分享自己的情绪体验、识别过程中的困惑以及自我觉察的成果。

他们的视角可能会给我们带来新的启发，从不同角度理解自己的情绪。同时，也要学会倾听他人的情绪分享，这不仅能增进情感联系，还能在实践中提升情绪识别的能力。

情绪识别与自我觉察是通往成功的重要基石。成功者不是天生的，而是经过不懈努力和持续成长铸就的。

第二节　情绪调节：保持冷静与理智

面对挑战与困境，成功者从不轻易失态，总能以平和的心态，找到最佳的解决方案。这项技能并非天赋，而是经过长久的修炼和实践，逐渐在内心扎根，并在行为上自然流露。成功者在情绪调节上的造诣，不仅是一种技巧，更是一种修为，一种对自我深刻洞察与控制的体现。

《三国演义》里的蜀汉丞相诸葛亮，以其卓越的智谋与冷静的心态闻名于世。“空城计”的故事生动地展示了他非凡的情绪调节与心理战术能力。

当时，魏国大将司马懿率领大军逼近蜀国西城，而城中兵力匮乏，局势危急。面对敌军的逼近，城中军民都感到极度恐慌，诸葛亮却保持了异常的冷静。他深知，任何慌乱的表现都可能导致城破人亡的悲剧。于是，他泰然自若地命令城门大开，自己则端坐于城楼之上，悠然抚琴，以一种超然的镇定，营造出胸有成竹、毫无畏惧的假象。

司马懿见状，心中生疑，认为诸葛亮此举必有伏兵，于是下令撤退。就这样，诸葛亮凭借冷静的心态与高超的智谋，成功化解了这场危机。

一、情绪的两面性

情绪，这一复杂而微妙的心理现象，宛如一把双刃剑，既能唤醒人的潜能，也能在不经意间摧毁理智。成功者对此有着深刻的理解，他们明白情绪的稳定与智慧的发挥往往是相辅相成的。正如“空城计”的故事所示，面对困境与压力时，保持冷静与理智至关重要。情绪的稳定与智慧的发挥，二者往往相得益彰。

1. 情绪管理：保持定力的法宝

在情绪管理方面，成功者展现了卓越的能力。他们知道如何在情绪的风暴中保持定力，不让情绪左右自己的行为，而是让理智成为驾驭情绪的主宰。他们具备敏锐的情绪感知力，能够迅速识别自己及他人的情绪信号，及时调整心态，保持清晰的判断力。这种情绪调节能力，使他们在面对复杂多变的环境和突如其来的挑战时，能够保持冷静与自信，作出最有利于自身和团队发展的决策。

2. 情绪调节：正确对待成败的智慧

失败与挫折是成长的必经之路。因此，成功者不会沉溺于消极情绪中无法自拔，而是能够迅速调整心态，从失败中汲取教训，总结经验，以更加坚韧的姿态迎接下一次挑战。这种积极的心态和乐观的精神，使他们能够在逆境中不断成长，最终走向成功。

3. 情绪智慧：理解并尊重他人

在人际交往中，成功者擅长运用情绪智慧，他们深刻理解并尊重他人的情绪，以同理心为基础，构建良好的人际关系。他们懂得如何倾听他人的心声，理解他人的感受，以真诚和善意回应他人的需求，从而避免因情绪冲突导致的误解与隔阂。

这种能力使他们在团队中成为不可或缺的核心力量，能够激发团队的正能量，凝聚团队的向心力，共同面对困难，实现共同目标。同时，成功者以身作则，凭借个人的情感智慧对团队成员产生积极影响，增强团队的整体情感调控水平，塑造出充满活力的团队氛围。

二、情绪调节的实操方法

成为情绪调节的成功者并非遥不可及的梦想。通过一系列系统的学习与练习，我们同样可以培养出冷静与理智的情绪管理能力。

1. 自我觉察：情绪的识别与接纳

情绪调控的首要步骤是自我反思，精确感知自己的情绪状况。这要求我们在日常生活中保持对内心的敏感与关注，当情绪来临时，不急于逃避或压抑，而是勇敢地面对并接纳它的存在。可以通过日记、情绪记录表等方式，记录每天的情绪变化，分析情绪背后的原因，逐渐培养对情绪的敏感度与理解力。

2. 积极思维：转变视角，寻找正面意义

情感常常与我们的思维方式息息相关。面对同一情境，不同的认知解读会引发迥异的情感体验。成功者擅长运用积极思维，即使在逆境中也能找到成长的机会，将挑战视为提升自我的契机。

培养积极思维，可以从日常小事做起，比如每天记录三件让你感到感激的事情，无论大小，这有助于提升你的幸福感与满足感。同时，学会从多个角度审视问题，尝试以乐观的态度解释生活中的不如意，你会发现，生活其实并没有那么糟糕。

3. 情绪释放：合理表达与倾诉

情绪需要出口，长期压抑只会让问题更加严重。成功者懂得如何合理表达自己的情绪，无论是通过言语、艺术还是运动等方式，都能有效释放内心的压力与不满。

与信任的朋友或家人倾诉，也是情绪释放的重要途径。分享你的感受，不仅能够获得情感上的支持，还能在交流中获得新的视角与解决方案。记住，没有人是孤岛，我们都需要彼此的支持与理解。

4. 持续学习与成长：提升自我认知

情绪调节是一个持续的过程，需要我们不断学习与实践。通过阅读心理学书籍、参加情绪管理课程、观察并学习成功者的情绪处理方式，都能帮助我们提升情绪管理能力。

同时，保持对生活的好奇心与探索欲，不断学习新知识、新技能，能够拓宽我们的视野，增强自信，从而在面对挑战时更加从容不迫。情绪调节的最终目的，是让我们成为更好的自己，而成长，则是通往这一目标的必经之路。

想要成为情绪调节的成功者，就需要我们在日常生活中不断练习与反思，将情绪管理融入生活的每一个角落。当我们学会在情绪的风雨中保持冷静与理智，就能更加自信地面对人生的各种挑战，实现自我超越与成长。

第三节 情绪转化：将挑战变为成长

在人生的广阔舞台上，成功者以其卓越的情绪转化能力，将每一个挑战视为成长的契机，每一次困境都转化为自我提升的阶梯。成功者的情绪转化，不仅是对外界刺激的积极响应，更是内心世界的深度修炼，是一种将挑战转化为内在力量的艺术。

华为创始人任正非，在面对激烈的国际市场竞争、技术封锁等重重挑战时，展现出了令人钦佩的情绪转化能力。他深刻认识到，作为企业的领航者，情绪的稳定是作出明智决策的关键。因此，无论面对多大的压力，任正非都能保持冷静与理智，不让情绪影响自己的判断。他善于通过读书来拓宽视野，用散步来放松心情，这些简单却有效的方法帮助他调整情绪，以更加平和的心态面对挑战。在任正非看来，每一次挑战都是锻炼团队、提升技术水平的宝贵机遇。

在他的卓越领导下，华为不仅成功应对了外部环境的严峻考验，更在逆境中实现了飞跃式发展，从一家本土企业成长为全球领先的科技企业。任正非的情绪转化之道，不仅为华为的发展注入了强大的内在动力，更为我们提供了宝贵的启示：在人生的旅途中，面对挑战与困境，我们要学会将情绪转化为成长的力量，让每一次挑战都成为自我提升的契机。

一、情绪转化的意义

成功者深知，情绪并非敌人，而是生命旅途中不可或缺的伙伴。他们懂得如何与情绪共舞，既不盲目压抑，也不任由其摆布，而是以一种平和而有力的方式，引导情绪成为推动自我成长的动力。在他们看来，每一次情绪的起伏，都是对自我认知的深化，是对内心力量的挖掘，更是对生命智慧的积累。

1. 成功者的情绪转化，体现在对待挑战的态度上

成功者从不会沉溺于消极情绪的泥潭，而是迅速调整心态，从挑战中寻找成长的机会。面对逆境，他们不会怨天尤人，而是积极寻找解决问题的策略，从失败中汲取经验教训，为下一次的成功铺路。正是这种积极的转化态度，让成功者在逆境中也能绽放出耀眼的光芒，展现出坚韧不拔的精神风貌。

2. 成功者的情绪转化，体现在对待失败与挫折的韧性上

成功者的情绪转化还体现在他们对待失败与挫折的韧性上。他们深知，失败是成长的必经之路，每一次跌倒都是为了更好地站起来。因此，他们从不惧怕失败，而是将其视为一次宝贵的学习机会，勇于面对，坦然接受。他们善于从失败中汲取力量，不断调整策略，以更加坚定的步伐向前迈进。

3. 成功者的情绪转化，体现在高涨与低落的变化上

成功者还善于将情感转化为推动行动的能量。他们深谙情绪与行动之间的紧密联系，知道如何运用情绪来激发自己的潜能。当情绪高涨时，他们会借此激发自己的斗志，勇往直前，不断挑战自我；当情绪低落时，他们会从中吸取教训，反思自我，不断调整策略，为下一次的冲刺做好准备。这种情绪与行动的紧密结合，使成功者在面对复杂多变的环境时，总能作出最睿智的决定，达成个人价值的最大化。

成功者普遍拥有内在的自我觉察与自我调节能力。这种能力，不仅使他们在面对挑战时更加从容不迫，更让他们在人生的旅途中，始终保持着一种积极向上的生活态度。

二、培养情绪转化能力的实操方法

对于渴望培养情绪转化能力的我们而言，实践是关键。

1. 构建情绪管理工具箱

构建一个个性化的情绪管理工具箱，包含多种技巧，如深呼吸、正念冥想、情绪释放练习等。当我们感受到情绪波动时，可以从中挑选适合当前情境的方法，迅速调整情绪状态，保持冷静与理智。

2. 培养积极心态，实施感恩练习

积极心态是情绪转化的催化剂。每天至少找出三件让自己感到感动和幸

福的事情，无论大小，记录下来或与他人分享。这一练习能够提升自己的幸福感，增强对生活的正面感知，使我们在面对挑战时更容易保持乐观与坚韧。

3. 情绪转化练习：挑战即机遇

每当遇到挑战或困难时，尝试将其视为一次学习与成长的机会。进行“挑战—机遇”转换练习，即先识别挑战，然后思考这次经历能如何促进个人成长，提升我们控制情绪的能力，或增强心理韧性。

4. 寻求情绪转化社群的支持

加入情感转化或情绪管理的社群组织，与志同道合的人交流心得、彼此鼓励。在社群中，我们可以学到新的情绪调节技巧，获得来自他人的鼓励与反馈，共同营造一个积极向上的成长环境。

5. 深化情绪转化日记

除了基本的情绪记录外，进一步在情绪日记中记录情绪转化过程。写下自己是如何识别情绪、选择何种策略进行转化，以及转化后的感受与收获。这不仅能帮助我们追踪进步，还能加深对情绪转化过程的理解。

通过这套深入且实用的方法，我们将逐步培养出将挑战转化为成长的能力。记住，情绪转化是一个持续的过程，需要耐心与坚持。但正是这些努力，将使我们成为更加坚韧、更加智慧的情绪转化能手。

第四节　情绪激励：激发内在驱动力

在人生的舞台上，成功者总能以超凡的表现引领潮流，他们不仅拥有卓越的技能和知识，更具备一种难以言喻的力量——内在驱动力。这种力量深植于心，是推动他们勇往直前、不断超越自我的根本。而他们的情绪鼓舞，正是点燃这股内心力量的关键。

张伟，一个在IT行业摸爬滚打了近十年的资深程序员，曾一度陷入职业发展的迷茫期。尽管他拥有扎实的技术基础和丰富的项目经验，但长期的重复劳动和缺乏明确的目标让他逐渐失去了对工作的热情与动力。他感觉自己就像是一台被设定好程序的机器，只是机械地完成着工作任务，而缺乏真正的成长和进步。

然而，一次偶然的机会，张伟参加了一个行业内的技术交流会。在那里，他看到了许多同行对技术的热爱和追求，听到了他们对未来技术发展的展望和期待。这些声音像是一股清流，冲刷着他内心的迷茫和困惑。他开始反思自己的职业生涯，意识到如果继续这样下去，自己将永远无法突破现有的瓶颈，实现真正的成长。

于是，张伟决定做出改变。他为自己设定了一个具有挑战性的目标：成为一名在行业内具有一定影响力的技术专家。为了实现这个目标，他开始规划自己的学习计划，积极参加各种技术培训和交流活动。同时，他也开始关注自己的情绪状态，学会用积极的心态去面对工作中的挑战和困难。

在这个过程中，张伟遇到了许多困难和挫折。有时候，他会因为一个问题困扰而彻夜难眠；有时候，他会因为自己的进步缓慢而感到沮丧和失落。但是，他始终坚信自己的目标是有意义的，自己的努力是值得的。每当遇到挫折时，他都会用"这只是暂时的，我可以做得更好"等积极的话语来激励自己。这些话语像是一盏明灯，照亮了他前行的道路，让他能够勇敢地面对困难，继续前行。

经过几年的努力，张伟终于实现了自己的目标。他不仅在工作中取得了显著的成就，还经常在技术论坛和社区中分享自己的经验与心得，帮助更多的人成长。他的努力和付出得到了同行的认可和尊重，他也逐渐在行业内建立了一定的知名度。

一、内在驱动力的源泉

内在驱动力，源自个体内心深处的动力，与外在的奖励或惩罚不同，它基于个体对自我价值、目标和意义的深刻理解。成功者深知，只有真正激发内在驱动力，才能在面对挑战时保持持久的热情和动力，才能在逆境中坚韧不拔，持续成长。

就像张伟，为自己设定了明确的目标，并学会用积极的心态面对挑战和困难，能够激发出内心的力量，不断前行。同时，寻求支持和持续行动也是实现目标的关键。

成功者的情绪激励，正是通过调整和优化情绪状态，激发内在驱动力的过程。他们懂得如何识别和利用自己的情绪，将积极的情绪转化为行动的力量，将消极的情绪转化为反思和成长的机会。成功者擅长在挑战中寻找机遇，在困境中发现价值，他们坚信每一次经历都是成长的阶梯，每一次失败都是成功的铺垫。

成功者的情绪激励还体现在对目标的坚定追求上。他们不仅设定清晰、具体的目标，更将目标分解为可操作、可衡量的小步骤，每完成一步都给予自己积极的反馈和肯定。这种自我激励的方式，不仅增强了他们的自信心和成就感，更激发了他们持续前进的动力。

此外，成功者还擅长运用情绪鼓舞来提升团队的团结力与执行力。他们深知如何激发团队成员的正面情绪，创造出一种积极向上的环境。在这样的环境中，团队成员间能够彼此鼓舞，携手并进，共同迈向成功的目标。成功者的情绪激励，不仅提升了团队的整体运作效率，还加深了团队成员间的信赖与合作，使团队在挑战面前更加团结、更有战斗力。

二、培养内在驱动力的情绪激励策略

对于我们而言，如何培养内在驱动力和情绪激励能力，从而成为成功者呢？

1. 深化自我认知，明确内在价值

首先，我们需要深化对自我的认知，了解自己的内在价值、兴趣和激情所在。其次，通过反思和自我探索，可以更加清晰地认识到自己的优势和不足，以及自己真正想要追求的是什么。明确内在价值，有助于设定更加符合自己意愿和能力的目标，从而激发内在驱动力。

2. 设定清晰目标，分解步骤，持续反馈

设定清晰、具体的目标是激发内在驱动力的关键。我们需要将自己的大目标分解为可操作、可衡量的小步骤，每完成一步都给予自己积极的反馈和肯定。这种自我激励的方式，不仅增强了自信心和成就感，还可以在持续努力中看到进步的轨迹，从而激发内在驱动力。

3. 培养积极情绪，转化消极情绪

积极情绪是激发内在驱动力的催化剂。我们应当学会辨识并善用自身的情绪，把积极的情感转化为驱动行动的动力。当感到兴奋、充满激情时，不妨趁机设定目标、采取行动；当感到沮丧、失落时，不妨将其视为反思和成长的机会，从中汲取经验和教训。

4. 建立支持系统，寻求外部激励

建立一个强大的支持系统，对于激发内在驱动力至关重要。我们可以加入相关的社群或组织，与志同道合的人共同交流、学习和成长。外部的支持和激励，不仅让你在遇到困难时更有勇气面对，还让你在取得成就时更加自豪和满足。

通过深化自我认知、设定清晰目标、培养积极情绪，以及建立支持系统，我们可以逐步掌握这一技能，成为各自领域的佼佼者。

第五节　情感共鸣：建立深层次人际连接

在人际关系的广阔舞台上，成功者总能以一种难以言喻的魅力，跨越心灵的鸿沟，与他人建立起深厚而真挚的联系。这种能力，被称为“情感共鸣”，它不仅是情感交流的高级形式，更是个人魅力与社会智慧的集中体现。

南开大学的学子们在调研中发现，有些农村回迁家庭因经济条件限制，不得不选择廉价装修材料，结果导致室内甲醛等污染物浓度严重超标，居民的健康受到了严重威胁。面对这一严峻的社会问题，他们深感责任重大，于是组建了一支名为“天下无醛”的创业团队，致力于开创一种“环保+扶贫”的小城镇回迁房除醛新方案。

在这个团队中，成员们不仅仅是同学，更是志同道合的战友。他们利用微信、钉钉等科技手段，跨越地域限制，保持高频次的沟通和交流。无论是深夜的讨论，还是白天的协作，他们都能及时分享彼此的想法和困惑，共同寻找解决问题的方法。这种无缝的沟通方式，不仅提高了工作效率，更让团队成员之间建立了深厚的情感纽带。每当有成员遇到挫折或困惑时，其他成员都会及时给予鼓励和支持，共同面对困难，形成了强大的团队凝聚力。

此外，“天下无醛”团队还通过线上平台分享团队的进展和成果，吸引了更多人的关注和支持。他们建立了专属的微信公众号和微博账号，定期发布团队的工作动态、研究成果和成功案例，与公众保持互动，增强了团队的知名度和影响力。这种开放和透明的沟通方式，不仅让团队成员之间建立了更深层次的联系，也让更多的人了解到了他们的环保事业，为团队的进一步发展奠定了坚实的基础。

一、情感共鸣的深度解析

情感共鸣不仅仅是对他人情感的简单理解或回应，更是一种触及灵魂深处的交流方式，它要求个体具备深刻的自我洞察力、强烈的共情能力以及出色的情绪调节技巧。就如同“天下无醛”团队，他们在内部激发了强烈的情感共鸣。他们相互扶持，共同面对挑战，这种深层次的情感链接，成为团队不断前行的强大动力。

首先，成功者善于利用现代科技手段，突破时空界限，实现情感的无缝连接。无论是通过社交媒体分享生活细节，还是利用即时通信工具进行深度对话，成功者都能在这些平台上找到共鸣，与世界各地的人建立真诚的情感联系。他们不仅关注表面的互动，更重视通过文字、图片、视频等多种媒介，传达内心的真实情感，从而与他人构建起深层次的情感纽带。

其次，成功者具备创新思维，不断寻找情感表达的新途径。他们不满足于传统的言语交流，而是尝试通过音乐、艺术、写作等多种形式，将个人情感转化为独特且具有感染力的作品。这些作品不仅丰富了情感交流的维度，更让成功者在人际互动中展现出独特的魅力与个性。

再次，成功者往往拥有跨文化视野，能在多元文化环境中找到共鸣。在全球化背景下，他们积极学习外语，了解不同文化背景下的情感表达方式与社交习惯。这种跨文化敏感性使他们能够与来自世界各地的人进行有效沟通，尊重彼此的差异，寻找共同的情感基础，从而建立起深厚的情感联系。

最后，成功者注重情感共鸣的持续性与深度。在与他人建立情感联系的过程中，他们不仅关注当前的互动，更注重通过持续的关怀与支持，深化双方的情感纽带，使情感上的共鸣渗透到彼此生活的每一个重要时刻。

二、从平凡走向非凡的旅程

尽管我们可能不具备天生的敏锐洞察力，但通过系统的学习和实践，我们也能逐步提高自己的情感共鸣能力，构建起深层次的人际关系。

1. 利用现代科技拓展情感交流

（1）深化社交媒体互动：在社交媒体上，除了日常的点赞与评论，尝试发起或参与深度话题讨论，分享个人见解与感受。通过深入交谈，与他人建立更牢固的情感桥梁。

（2）深度应用即时通信工具：利用即时通信工具的语音、视频通话功能，与他人进行面对面的深度交流。这种直接且即时的交流手段，对于增进相互的理解与信任非常有益。

2. 创新情感表达方式

（1）多媒体创作表达情感：尝试通过音乐、影像、图像等多种媒介来创作表达情感的艺术作品。这些作品可以是对生活的感悟、情感的抒发或对他人的祝福。通过分享这些作品，与他人建立独特的情感联系。

（2）情感写作记录心路历程：通过写日记、博客或社交媒体文章等方式，记录个人情感经历与感悟。这些文字不仅是情感的宣泄与表达，还能引起他人的共鸣与关注，从而加深彼此的情感联系。

3. 培养跨文化交流能力

（1）学习与应用新语言：利用语言学习应用或参加线上课程，学习外语并尝试在实际交流中运用。这不仅能增强我们的语言表达能力，还能开阔视野，促进对他人更深层次的理解。

（2）跨文化体验与交流：通过参加国际交流活动、观看外国电影或阅读外国文学作品等方式，了解不同文化背景下的情感表达方式与社交规范。这种跨文化体验有助于提升情感共鸣能力，在多元环境中更加自如地与他人建立联系。

4. 持续经营情感联系

（1）定期关心与支持：在与他人建立情感联系后，保持定期的关心与支持。通过发送问候信息、分享生活点滴或提供帮助等方式，让情感共鸣成为彼此生命中不可或缺的一部分。

（2）反馈与调整情感表达方式：在与他人交流过程中，注意观察对方的反应并适时调整自己的情感表达方式。经由持续的尝试与反馈调整，我们可以发现最适合双方的沟通模式，从而加深情感上的共鸣。

情感共鸣能力的培养是一个持续且动态的过程。通过借鉴成功者的现代实践方式并结合自身实际情况进行实践与创新，我们可以逐步提升情感共鸣能力，建立起更深厚、有意义的人际关系。在这个过程中，我们不仅能够熟练掌握情感交流的技巧，更能在现代社会中展现出独特的魅力与影响力。

第七章

智慧取舍:成功者的抉择艺术

在面对众多复杂的选择时，各个领域的成功者会展现出卓越的判断力和智慧。他们精通取舍的艺术，知道如何在众多选项中准确地挑选出最有价值的一个，同时勇敢地放弃那些看似吸引人但实际上无益的选择。他们深知，真正的智慧不在于拥有多少选择，而在于能否作出明智的决策。

第一节　信息整合：全面收集，精准分析

在信息泛滥的今天，我们每天都被海量的数据、新闻、多元观点和深奥知识包围。在这样的环境下保持清醒的头脑，从纷繁复杂的信息海洋中筛选出真正有价值的内容，并将其融入个人的知识体系，已经成为每个人必须应对的挑战。而那些能够在这场信息洪流中游刃有余，将信息转化为智慧和决策的成功者，正是我们所钦佩的对象。

萧何，西汉初期杰出的政治家，以擅长信息整合而著称。在刘邦攻占咸阳之际，萧何迅速收集了秦朝的户籍、地图等关键资料，为刘邦提供了全面的国家信息。他不仅关注官方文件，还深入民间，了解公众舆论，掌握社会动态。在楚汉战争期间，萧何通过间谍等手段收集军事情报，为刘邦的军事决策提供了坚实的基础。

萧何擅长精准分析。他利用地形地貌、人口分布规划战略，制定符合民众意愿的政策，如减税以鼓励农业，赢得了民心。他具备出色的数据分析能力，深入挖掘数据，提炼出核心观点，并及时调整战略，确保了军事行动的成功。

广泛而深入的信息收集与分析，为刘邦的霸业和西汉王朝的建立作出了巨大贡献。萧何的信息整合能力不仅助其在军事上屡创佳绩，更在政治上巩固了西汉的根基。

一、信息时代的挑战与机遇

在信息整合方面，成功者往往展现出系统性的思维方式。他们不仅拥有强大的信息收集能力，还具备卓越的信息分析和处理能力。萧何的事迹启示我们，全面的信息收集与精准分析是决策成功的关键，其智慧至今仍值得借鉴。

成功者的这种能力并非与生俱来，而是通过长期的学习和实践逐步培养出来的。

1. 全面收集：信息广度与深度并重

成功者的信息收集能力体现在两个方面：广度和深度。广度意味着他们能够触及多个领域的信息，拥有宽广的知识面；深度则是指他们能够深入某个领域，掌握核心知识和前沿动态。这种广度和深度的结合，使他们在面对复杂问题时，能够从多角度、多层次进行思考，找到问题的根源和解决方案。

2. 精准分析：信息筛选与提炼的艺术

在汇聚海量资讯后，成功者能迅速甄别出有价值的内容，排除多余与无效的部分。他们拥有一套高效的信息甄别体系，这既涵盖了对信息的敏锐感知，也涉及对信息价值高低的准确评估。通过精准分析，他们能够将信息提炼成精练的知识点和洞见，为决策提供依据。

3. 系统整合：构建信息框架与知识体系

成功者擅长将收集的资讯融合为一个协调的整体，打造出明确的信息架构与知识脉络。他们能够将零散的信息点连接起来，形成逻辑严密、结构清晰的知识网络。这种系统整合能力，使他们在面对复杂问题时，可以迅速调用相关知识，作出准确的判断和决策。

4. 实践应用：理论与实践相结合

成功者的信息整合能力不仅停留在理论层面，更在于能够将整合后的信息应用于实践中。他们善于将学术理论转化为实践行动，经由实际操作来检验信息的真实性与时效性。这种理论与实践相结合的能力，使他们能够在不断变化的环境中保持竞争优势。

二、信息整合实操指南

若想培养出卓越的信息整合能力，我们必须从信息收集、分析、整合和应用这四个关键方面着手，通过系统化的学习与实践，逐步提升自己的能力水平。

1. 信息收集：拓宽渠道，提升敏感度

（1）拓宽信息渠道。我们可以通过多种渠道收集信息，包括但不限于书籍、期刊、网络资源和社交媒体。拓宽信息渠道的关键在于保持开放的心态，积极寻找和接触不同领域的信息。同时，掌握使用搜索引擎和数据库等高效工具的技巧，可以显著提高信息收集的效率。

（2）提升信息敏感度。信息敏感度指的是对有价值资讯的识别和捕捉能力。我们可以通过定期浏览行业动态、参与专业论坛、关注知名博主等手段，来培养自己的信息敏感度。此外，建立信息订阅和提醒机制，有助于确保重要信息不被遗漏。

2. 信息分析：筛选过滤，提炼价值

（1）学会筛选信息。面对海量信息，我们需要学会筛选和过滤。通过设定筛选标准，如信息来源的可靠性、内容的时效性、与个人的相关性等，来剔除无效和冗余信息。

（2）提炼有价值信息。在筛选的基础上，进一步提炼有价值的信息至关重要。通过归纳总结、对比分析、逻辑推理等方法，将信息提炼成精练的知识点和洞见。在提炼过程中，要注重信息的内在逻辑和关联性，确保提炼出的信息具有实用性和指导意义。

3. 信息整合：构建框架，形成体系

（1）构建信息框架。通过构建信息框架来整合信息。信息框架可以是一个主题下的多个子主题，也可以是一个问题下的多个方面。通过构建框架，将零散的信息点组织起来，形成逻辑清晰、结构严谨的知识体系。

（2）形成知识体系。在构建信息架构的基础上，进一步塑造知识体系。知识体系是由众多相关联的知识点构成的有序整体，它蕴含着内在的逻辑关联与系统布局。我们可以通过不断学习和实践，将新的知识点纳入已有的知识体系中，不断完善和丰富自己的知识体系。

4. 信息应用：实践验证，提升能力

（1）将信息应用于实践。我们要将整合后的信息应用于实践中，通过实践验证信息的准确性和有效性。可以将信息应用于工作、学习、生活等多个方面，通过实际操作来检验信息的实用性和指导意义。

（2）持续学习和提升。信息整合能力是一个不断学习和提升的过程。应保持持续进修的心态，不断更新个人的学识与技能。可以通过参加研习班、研读专业文献、加入学术交流等途径，持续提升个人的信息整合能力。

通过以上的实操方法，我们也能逐步培养出更强的信息整合能力。在信息化时代，这种能力将成为个人竞争力和职业发展的重要支撑。只有不断学习和实践，才能不断提升自己的信息整合水平，成为真正的业界精英。

第二节 风险评估：预见风险，权衡利弊

成功者凭借深厚的洞察力和丰富的经验，能够预见风险并权衡利弊，从而作出明智的决策。

春秋时期，齐国面临着内部的动荡不安和外部的威胁。齐桓公慧眼识人，委以管仲重任，引领了一场深远的变革。管仲对国家的经济、政治、军事风险进行了全面的评估，识别出贵族势力的膨胀、财政的枯竭、军队的虚弱以及民众的困苦是主要风险。

管仲深入分析了这些风险可能导致的国家分裂、战争无力、外敌威胁及社会动荡，并在权衡利弊之后，决定采取一系列改革措施。在经济方面，他采取了“按地力分级征税”的财政策略，并大力发展国家控制的盐铁产业；在军事上，他整顿军队，建立了常备军；在政治架构上，他致力于加强中央集权，削弱贵族阶层的权力，同时坚持“尊崇王室，抵御异族”的外交政策；在社会方面，他关注民生，推行社会福利政策。

这些改革措施使齐国的经济迅速增长，军队的战斗力得到提升，政治体制更加完善，民众的生活水平得到改善，社会更加稳定，齐国因此成为春秋时期的强国之一。

一、成功者的风险评估理论

在复杂多变的世界中，无论是个人发展、企业运营还是国家治理，都不可避免地面临着各种风险。成功者之所以能在风险中稳操胜券，关键在于他们具备了一套完善的风险评估体系，就如同管仲，在风险评估中需具备敏锐洞察力和预见性，权衡利弊寻找最优解，并果断决策付诸实践，以应对复杂多变的风险挑战。

风险管理的核心在于预见风险并精准权衡利弊，这是制定有效应对策略、确保稳定发展的关键所在。成功者的风险评估框架不仅植根于坚实的理

论根基，还深度融合了广泛的实战经验及敏锐的观察力。他们通过敏锐地捕捉风险信号，全面而系统地评估风险性质、规模及潜在影响，进而运用理性分析工具和灵活应变策略，精确地衡量各种利弊，从而制订出最为适宜的风险管理方案。

1. 敏锐洞察，预见风险

成功者拥有一种超越普通人的敏锐观察力，能够在纷乱多样的资讯中发掘出隐藏的风险信号。这种洞察力并非一蹴而就，而是建立在深厚的专业知识、丰富的经验和敏锐的观察力基础之上。

（1）专业知识。成功者通常在其领域内拥有深厚的专业知识，这使他们可以识别出异常情况，判断哪些信息是重要的，哪些是可以忽略的。

（2）经验积累。通过多年的实践，成功者积累了大量的经验，能够识别出类似情境下的潜在风险。他们往往能够凭借直觉，快速作出判断。

（3）敏锐的观察力。成功者善于观察细节，能够从微小的变化中发现潜在的问题。这种观察力使他们能够提前预见风险，从而做好防范准备。

2. 系统思考，全面评估

成功者在风险评估时，不会局限于单一因素，而是进行全面分析，系统思考。他们会从多个角度审视问题，考虑各种可能的因素及其相互影响。

（1）多维度分析。成功者全面剖析风险的各个维度，涵盖风险发生的概率、波及范围、延续时长等。他们还会追溯风险的根源，判断其是源自内部还是外部，是可控还是不可控。

（2）情景模拟。成功者会通过情景模拟来预测风险发生后的各种可能结果。他们会构想多种应对预案，权衡每种预案的利弊，进而选定最优策略。

（3）概率与统计。成功者会借助概率理论与统计方法来量化评估风险。他们通过计算风险发生的概率和影响程度，得出风险的期望值，以此作为决策的依据。

3. 权衡利弊，果断决策

成功者在风险评估后，会权衡利弊，果断决策。他们不会因一时的得失而犹豫不决，而是根据风险评估的结果，作出最有利的选择。

（1）成本效益分析。成功者会进行成本效益分析，比较不同方案的成本和收益。他们会倾向于采纳那些成本效益比高、回报丰厚的方案，旨在达成利益的最优化。

（2）风险偏好。成功者会根据自身的风险偏好来制定决策。有些人倾向于保守，愿意承担较小的风险；有些人则倾向于采取更为激进的策略，甘愿承受更高的风险以换取更为可观的收益。成功者了解自己的风险偏好，能够在决策中保持理性。

（3）灵活应变。成功者的决策并非墨守成规，而是可以依据形势的变迁灵活地进行调整。他们会在实践中不断验证决策的有效性，及时纠正错误，确保目标的实现。

二、如何进行风险评估

通过学习和实践，我们也可以逐步提高自身的风险评估技能。

1. 培养敏锐的风险意识

（1）关注时事，拓宽视野。增强风险识别能力的关键在于培养对风险的敏感性。我们可以通过关注时事新闻、阅读专业文献、参与行业交流等方式，来扩展我们的认知范围和知识深度。深入了解行业动态、政策法规、市场竞争等信息，有助于我们敏锐地察觉潜在风险，为制定有效的应对措施打下坚实基础。

（2）反思经验，总结教训。通过回顾个人经历，总结经验教训来增强风险意识。深入分析失败的原因和过程，我们可以从中提炼出宝贵的经验，进而提高自己在风险预测方面的能力。

2. 学习风险评估方法

（1）掌握基本工具，提升分析能力。为了更高效地进行风险评估，需要掌握一些基本的风险评估工具和方法。例如，学习使用风险矩阵来量化风险的严重度与发生概率，熟悉进行情景分析以预测将来可能遭遇的挑战，以及精通敏感性分析等技巧来评估决策对风险状况的影响。这些辅助工具与方法能够助力我们更准确地评估风险，为制定应对策略提供坚实的数据支持。

（2）参加培训课程，提升专业技能。除了自学外，我们还可以通过参加培训课程来提高风险评估能力。许多培训机构和高等教育机构都提供了风险管理、决策分析等相关课程。通过这些课程，我们可以系统地学习风险评估的理论知识和实践技能，与行业同人交流心得，持续提升自身的专业水平。

3. 培养稳健的决策风格

（1）理性思考，避免冲动。在决策过程中，我们应保持理性思考，避免冲动行事。面对风险时，应冷静分析形势，权衡利弊得失，避免因为一时冲动而作出错误的决策。通过理性思维，我们能够更加稳妥地平衡风险与回报，制定出更合适的应对策略。

（2）寻求建议，集思广益。为了作出更明智的决策，我们还可以寻求他人的建议和帮助。我们可以向家人、朋友、同事或专业人士咨询，了解他们对风险的看法和应对策略。通过集思广益，我们可以获得更全面的信息和更多元的观点，有助于我们作出更明智的决策。

（3）制订预案，应对不确定性。在面对不确定性时，有必要预先规划应对策略以防范潜在风险。我们可以依据风险评估的结果，提前制订一系列针对各类风险的应对预案。这些预案可能涵盖紧急救助行动、资源调配计划、风险转移方法等。通过预案的制订，确保在风险真正发生时能够迅速而有效地采取行动，从而最大限度地减少损失并确保安全。

风险评估是一项既复杂又关键的工作，只有凭借敏锐的洞察力和丰富的经验，才能更准确地预见风险并权衡利弊，作出明智的决策。

第三节　把握平衡：快速反应，理性分析

在快速变化的现代社会中，成功者之所以能够在各种挑战中脱颖而出，关键在于他们能够在迅速应对与理性分析之间找到完美的平衡点。这种能力不仅让他们在面对复杂问题时能够迅速作出决策，还能确保决策的科学性和长远效益。

一、快速反应与理性分析的融合

成功者深知，在快速变化的环境中，单纯依赖直觉或非理性分析都可能导致失误。因此，他们努力将快速反应与理性分析紧密结合，形成一种动态的平衡艺术。

1. 信息处理能力

成功者往往能够在短时间内从海量信息中筛选出关键内容，并依据其重要性和紧迫性进行优先级排序。这种能力不仅减少了决策过程中的干扰，还确保了他们能集中精力处理最重要的事项。他们会运用各种信息筛选工具和方法，如关键词搜索、主题分类、重要性评估等，快速定位到关键信息，避免被冗余信息淹没。

2. 情境认知能力

成功者往往能够迅速识别当前环境的特点，结合过往经验灵活调整决策模式。他们既能在紧急情况下迅速行动，抓住转瞬即逝的机遇；也能在需要深入分析时保持冷静，进行科学的决策。他们注重培养自己的情境感知能力，通过不断学习和实践，提高对不同情境的敏感度和适应性。他们懂得在决策过程中保持理性思考，不被情绪左右，以确保决策的科学性和有效性。

3. 情绪管理能力

成功者擅长管理自己的情绪，避免因冲动作出错误决策。他们擅长在紧张情境下保持镇定，利用诸如深呼吸、沉思等手段来减轻压力。同时，他们

还善于在行动后进行冷静反思，总结经验教训，不断优化自己的决策流程。他们懂得倾听他人的声音，善于从他人的经验中汲取智慧，通过收集和分析来自各方面的反馈意见来不断优化自己的决策。

4. 持续学习能力

成功者会通过不断学习来丰富自我，增强自身的见解深度与判断力。他们广泛涉猎不同领域的知识，增加自己的认知广度，提高对不同情境的理解能力。他们还会通过模拟练习和实战演练来提升自己的快速反应和决策能力。他们会在脑海中预演各种可能的情况和应对策略，以便在真实环境中能够迅速作出正确的决策。通过模拟练习，他们得以熟悉多样化的决策情境，提升对突发状况的应变能力。

二、如何培养快速反应和理性分析能力

通过持续的努力和实践，我们完全可以逐步提升自己的快速反应和理性分析能力。

1. 提升信息处理能力

（1）定期练习信息筛选和优先级排序，学会从大量信息中快速提取关键内容。可以设定时限挑战，逐步提升信息处理的敏捷度与精确度。

（2）使用标记、摘要等方式帮助记忆和理解信息，提高信息处理的效率。可以运用各种笔记工具和方法来整理和归纳信息。

2. 增强情境认知与适应性

（1）广泛涉猎不同领域的知识，增加自己的认知广度，提高对不同情境的理解能力。可通过研读书籍、观赏纪实影片、加入研讨会等途径来拓宽个人的知识视野。

（2）通过角色扮演、案例分析等方式模拟不同情境下的决策过程，提高自己的适应性。可以邀请朋友或同事一起参与角色扮演，共同讨论和制订决策方案。

3. 管理情绪与优化反思

（1）学会识别并管理负面情绪，运用冥想、深呼吸等手段舒缓焦虑心态。可规划每日固定的冥想时段，助益身心松弛。

（2）建立反思机制，每天回顾自己的行动和决策，思考哪些做得好、哪

些可以改进。构建自省体系，尝试撰写日记以记录思绪历程与个人成长轨迹。

4. 培养理性分析习惯

（1）尽可能收集相关数据和信息，使用简单的统计工具或软件进行分析。可以学习一些基本的数据分析方法，如均值、方差、趋势分析等。

（2）学会从多角度审视问题，运用逻辑思维和批判性思维进行决策。可以参加逻辑思维训练课程或阅读相关书籍，提高自己的思维能力和决策水平。

5. 培养耐心与毅力

（1）培养耐心，不急于求成。成功者之所以比普通人优秀，往往是因为他们愿意花费时间和精力去深入研究和思考。普通人也应该学会放慢脚步，耐心积累知识和经验。

（2）保持毅力，不轻言放弃。成功者在成长过程中也会遇到各种挑战和困难，但他们能够坚持不懈地努力，最终取得成功。普通人同样需要保持毅力，不断克服自己的弱点和局限性。

成功之路虽远必达，关键在于我们是否愿意开始这段旅程并坚持不懈地走下去。通过不断努力和实践，我们一定能够在快速反应与理性分析之间找到完美的平衡点，成为自己所处领域的佼佼者。

第四节　果断行动：避免拖延，迅速执行

在人生的竞技场上，成功者凭借果断的行动和高效的执行力脱颖而出，成为众人瞩目的焦点。他们深知，拖延是成功的绊脚石，而迅速执行则是通往目标的捷径。成功者的果断行动不仅源于天赋，更是一种经过深思熟虑后的哲学与实践。

明朝时期，医学领域虽已积累了大量宝贵经验，但缺乏系统的整理和科学的分类，导致许多有效的治疗方法未能广泛传播。在此背景下，李时珍果断决定编纂一部集大成的医药学著作，即后来闻名遐迩的《本草纲目》。

李时珍深知，要编纂这样一部巨著，仅凭一己之力难以完成，于是他迅速组建了一支由医学专家、药师、文书等多领域人才组成的编纂团队。团队成员各司其职，有的负责收集古籍资料，有的负责实地考察草药，有的则负责文字编纂与校对，整个团队紧密协作，高效运转。

在编纂过程中，李时珍与团队展现出了极高的专业素养和严谨态度。他们不仅广泛收集古代医籍，还深入山林田野，亲自采集草药，验证药性，力求每一项记录都准确无误。同时，他们还注重创新，将传统医学理论与现代实践经验相结合，对药物进行分类、归纳，使《本草纲目》成为一部既具有权威性又便于查阅的医药学宝典。

一、果断行动的哲学与实践

成功者具备明确的目标导向，他们始终清晰地设定并专注于自己的目标。他们深知，每一个行动都应服务于最终目标的实现，因此，在面对选择时，他们能够迅速判断哪些行动有助于推进目标，哪些则是无关紧要的干扰。

李时珍与《本草纲目》编纂团队的故事，是对“果断行动，迅速整理知识”精神的生动诠释，他们的事迹激励着后人勇于探索、勤于实践，为人类

的福祉贡献力量。由此可见，成功者不会陷入无休止的分析和犹豫中，而是基于现有信息作出最佳判断，并随时准备根据反馈进行调整。这种目标导向和决策效率，使成功者能够迅速抓住机遇，避免错失良机。

成功者深刻理解时间的宝贵。他们知道，拖延不仅消耗时间，更消耗精力和动力。因此，他们倾向于立即行动，将时间投入最有价值的事情上。他们精于确立并遵循任务的优先级排序，将精力与时间聚焦于最为关键且迫切的事务上，有效规避了被琐碎事务牵绊的风险。同时，他们还具备高度的适应性和灵活性，他们勇于面对挑战，迅速调整策略，以适应新的环境和条件。

成功者在行动前会规划周密的方案，清晰界定目标、流程及时间表。这样做有助于他们在执行过程中保持专注，减少不必要的干扰。他们注重反馈机制，设定确切的评估指标，定期审视自身行动成效，并依据反馈作出适时的调整优化。这种细致入微的规划和持续的自我反思，使他们能够不断进步，保持领先地位。

此外，成功者还具备高度的自律性，他们明白，自律是实现目标的关键。因此，他们会设定固定的作息和工作时间，坚持执行，即使面对诱惑或困难也不轻易放弃。

二、从拖延到迅速执行的转变

对于大多数人来说，从拖延到果断行动的转变并非一蹴而就。它需要我们逐步调整思维方式、行为习惯和生活节奏。

1. 调整思维方式，树立积极态度

（1）正视拖延。首先，要正视自己的拖延问题。不要逃避或否认它，而是勇敢地面对它。只有察觉问题并找出根源，才能探寻出解决问题的途径。

（2）设定明确目标。为自己设定清晰、具体且可实现的目标。这些目标应该与我们的价值观和生活愿景紧密相连，这样才能激发自己的内在动力。

（3）培养积极心态。学会用积极的心态看待挑战和困难。相信自己的能力，相信通过努力可以实现目标。这种积极的心态将帮助自己克服拖延，迅速行动。

（4）接受失败，勇于尝试。理解挫败乃成功之路的一环。无须畏惧失败，而应视其为增进学识与成长的契机。大胆尝试新事物，即便遭遇挫败，亦能从中提炼教训，为日后的尝试累积宝贵经验。

2. 改变行为习惯，提升执行力

（1）制订详细计划。在行动前，花些时间制订详细的计划。明确自己的目标、步骤和时间表。这样做有助于我们在执行过程中保持专注，减少不必要的干扰。

（2）确立优先次序。掌握辨别任务紧迫性与重要性的技巧，将精力与时间聚焦于最为关键且迫切的事务。避免被琐碎杂事缠绕，损耗珍贵的时间与精力。

（3）克服拖延习惯。识别并克服自己的拖延习惯。例如，设定一个“5分钟启动原则”，即无论任务多么艰巨，都要强迫自己在5分钟内开始行动。这样做有助于打破拖延的恶性循环，逐渐培养出迅速执行的习惯。

（4）构建反馈系统。定期审阅自身的行动成果，并依据所得反馈作出调整。此举能助自己保持敏锐的洞察力，迅速察觉并修正存在的问题。同时，也可以看到自己的进步和成就，增强自信心和动力。

（5）寻求支持与合作。与志同道合的人建立联系，共同追求目标。他们的支持和鼓励将帮助我们克服拖延，保持动力。同时，也可以从他们那里学到新的方法和技巧，提升自己的执行力。

3. 培养自律习惯，巩固果断行动

（1）设定固定作息。为自己设定固定的休息和工作时间。这有助于维持有序的生活步调，增强工作与学习的成效。同时，也可以有更多的时间和精力去追求自己的目标和梦想。

（2）坚持执行计划。制订计划后，要坚持执行。不要因为一时的懒惰或诱惑而偏离计划。记住，只有持续不断地行动，才能实现目标。

（3）学会拒绝诱惑。在人生的旅途中，我们会邂逅形形色色的引诱与阻碍。学会拒绝这些诱惑，专注于自己的目标。这有助于保持专注和动力，迅速执行计划。

（4）培养自我反思能力。定期反思自己的行动和决策。思考哪些做得好、哪些可以改进。这种自我反思能力将帮助我们不断进步，成为更加果断和高效的人。

（5）庆祝小成就。在实现目标的过程中，不妨庆祝每一个小成就。这有助于保持积极的心态和动力，继续向前迈进。同时，也能让我们更加珍惜自己的努力和付出。

总之，从拖延到果断行动的转变需要我们付出持续的努力和坚持。通过调整思维方式、改变行为习惯和培养自律习惯，我们可以逐渐克服拖延问题，提升执行力，成为更加果断和高效的人。记住，每一个小步骤都是向目标迈进的一大步。

第五节 不断精进：基于反馈，持续完善

在人生的各个领域，无论是学术研究、艺术创作，还是商业竞争、体育竞技，成功者之所以能脱颖而出，往往不在于他们初始的天赋有多高，而在于他们是否拥有一种持续精进、不断突破自我的意识和能力。这种意识和能力，很大程度上源于他们对反馈的敏感捕捉和有效利用。

钱学森，中国航天事业的奠基人之一，被誉为“中国火箭之父”。他的科研生涯，是一段基于反馈、持续精进、勇攀科技高峰的壮丽篇章。

20世纪40年代，钱学森在美国加州理工学院深造，其间参与了多项尖端科研项目，积累了丰富的科研经验。然而，他始终心系祖国，渴望将所学用于国家的建设和发展。1955年，钱学森克服重重困难，毅然回国，投身于新中国的航天科研事业。

面对当时中国航天技术的空白和落后，钱学森没有退缩，而是基于国内科研条件和实际需求，不断调整研究方向和技术路线。他带领团队，从理论研究到技术攻关，从方案设计到实验验证，每一个环节都力求精益求精。

在钱学森的主持下，中国成功研制出了第一枚国产近程导弹、中近程导弹，并成功发射了第一颗人造地球卫星“东方红一号”。这些成就，不仅标志着中国航天事业的崛起，也彰显了钱学森作为科学家的卓越才华和无私奉献。

一、基于反馈的持续精进之道

反馈，简而言之，是外界对个人的行为、决策或表现的评价、信息或结果。它可以表现为正面的鼓励，负面的批评，或中性的、客观的数据分析。成功者擅长从各种形式的反馈中汲取营养，将其转化为自我提升的动力。

成功者之所以重视反馈，是因为它提供了两个至关重要的信息：一是当前状态与理想状态之间的差距，二是缩小这一差距的可能路径。通过反馈，

成功者能够清晰地认识到自己的不足，进而调整策略，朝着目标迈进。

钱学森的科研之路，是一条不断精进（基于反馈，持续完善）的道路。他用自己的实际行动，诠释了科研工作的真谛，也为中国航天事业的发展奠定了坚实的基础。由此可见，通过反馈、深入分析并据此调整行动，可以不断提升自己的能力和表现，实现个人和组织的共同成长。

因此，成功者从不畏惧反馈，尤其是负面反馈。他们明白，每一次的批评和指正，都是向更高层次迈进的阶梯。因此，成功者会主动寻求反馈，无论是通过请教导师、同行评审，还是利用数据分析工具自我检测，他们都乐于开放自己，接受外界的评价。面对负面反馈，成功者展现出了更多的勇气和谦逊。他们不会因一时的挫败而气馁，反而会将其视为成长的契机，深入分析反馈背后的原因，从中吸取教训，调整策略。

接收反馈只是第一步，更重要的是将反馈内化为自我认知的一部分，并将其转化为实际行动。成功者擅长将抽象的反馈转化为具体的改进措施，他们不仅理解反馈的含义，更能将其转化为可操作性的步骤，逐一落实。

将反馈内化的过程，要求具备出色的自我审视力与执行力。成功者会定期回顾自己的表现，依据反馈进行自我审视，识别出可提升之处。同时，他们会设定明确的目标和计划，将反馈转化为具体的行动指南，确保每一步都朝着目标前进。

成功者的不断精进，是一个不断迭代升级的过程。他们不会满足于一时的成功，而是将每一次的反馈视为新的起点，不断挑战自我，追求卓越。这种迭代思维，让他们在每一次尝试中都能有所收获，不断逼近理想的自我。

知识是不断更新的，技能是需要不断磨炼的。因此，成功者会始终保持好奇心，主动学习新知识，同时，通过实践来检验和巩固所学，形成良性循环。

二、以反馈为起点，踏上自我提升之路

通过学习和实践成功者的思维方式与行为习惯，我们同样可以在自己的领域内实现显著的成长和进步。

1. 建立反馈机制，主动征求建议

首先，我们需要构建一个有效的反馈体系。这意味着，我们要主动向他

人征求建议，无论是工作上的同事、生活中的朋友，还是行业内的专家，他们的视角和经验都可能为我们提供宝贵的建议。

其次，在征求建议时，保持开放和谦逊的态度至关重要。我们要乐于接受他人的评价，即使这些评价可能不那么令人愉悦。记住，建议的目的是帮助我们成长，而不是打击我们的自信。

2. 学会倾听，理解建议背后的意图

接受建议后，我们需要学会倾听，真正理解建议背后的意图。这要求我们能够设身处地，努力从对方的立场出发去思考，理解他们为何会给出这样的建议。同时，我们也要学会区分建设性建议和情绪化表达，将注意力集中在那些真正有助于我们成长的信息上。

在倾听的过程中，保持耐心和专注。我们不要急于反驳或辩解，而是让建议在脑海中沉淀，思考其背后的意义和价值。

3. 制订改进方案，将建议转化为行动

接受并理解建议后，下一步是将建议转化为具体的行动。这需要我们制订一个明确的改进方案，将建议中的每一条都转化为可操作的步骤。方案要具体、可行，同时，也要设定合理的时间表和阶段性目标，以便我们跟踪进度和调整策略。

在构思优化方案时，保持一定的灵活性和适应性至关重要。我们深知，既定方案时常难以跟上形势的变化。因此，当遇到挫折或建议发生变化时，我们要能够迅速调整计划，确保自己始终朝着正确的方向前进。

4. 持续跟踪进度，不断迭代升级

我们需要持续监控进度，不断迭代升级。这意味着，我们要定期回顾自己的表现，对照改进方案进行自我评估。同时，我们也要保持对新知识、新技能的好奇心，通过学习和实践来不断提升自己。

在跟踪进度的过程中，保持自我审视与辨析思考的能力。我们要勇于承认自己的不足，敢于面对挑战和失败。通过不断迭代升级，我们将逐渐接近理想的自我，实现自我提升。

基于反馈、持续完善自我是一条漫长而艰辛的道路，但只要我们保持开放的心态、勇于面对挑战、持续学习和实践，就一定能够在自己的领域内实现显著的成长和提升。

第八章

自我精进:
成功者的进阶之路

在追求卓越的征途上，各个领域的成功者始终未曾停止自我提升的脚步。他们深知，真正的成长源自持续的挑战与超越，源自对自我的深刻洞察与不懈追求。他们明白，每一个微小的进步都是通往更高境界的基石。

第一节　终身学习：不断充电的成长引擎

在这个飞速发展的时代，知识的更新速度令人惊叹，新科技和新理念层出不穷。在这样的环境下，个人和组织若要想保持竞争力，必须持续学习和适应变化。那些在各自的领域中持续屹立的成功者，通常是因为他们对终身学习有着深刻的认识和持续的实践。

杨振宁，著名理论物理学家，诺贝尔物理学奖得主，他的学术生涯是对终身学习、不断充电的生动诠释。

自幼展现出对科学的浓厚兴趣，杨振宁在求学路上从未停止过学习和探索的脚步。从西南联合大学到清华大学，再到芝加哥大学和普林斯顿高等研究院，他不断汲取新知，与同行交流切磋，学术视野日益开阔。

即便在获得诺贝尔奖后，杨振宁也未曾停下脚步。他持续关注物理学前沿动态，深入研究统计力学、粒子物理学等领域，不断提出新的理论模型，推动物理学的发展。同时，他还致力于科学普及工作，将深奥的物理知识以通俗易懂的方式传授给公众，激发更多人对科学的热爱。

一、终身学习的深度解析

在成功者眼中，学习并不是阶段性任务，而是一种生活哲学，一种对未知世界的持续探索。他们深知，在这个快速变化、信息爆炸的时代，持续学习是保持竞争力的关键，是避免被时代淘汰的唯一途径。就如同杨振宁的故事证明，终身学习不仅是个人成长的引擎，也是推动科学进步的重要动力。无论身处何种高度，保持学习的热情和好奇心，持续充电，才能不断攀登新的学术高峰。

1. 成功者的终身学习理念体现在对知识的渴求上

成功者始终保持着对世界的好奇心，对新知识、新技术、新思想保持着高度的敏感性和接受度。他们相信，只有不断学习，才能拓宽自己的视野，提升自己的认知水平，从而在面对复杂多变的环境时，能够作出更加明智的决策。

2. 成功者的终身学习理念体现在对自我成长的执着追求上

成功者深知，成长是一生的事业，而学习则是成长的引擎。他们懂得，每一次的学习都是一次自我提升的机会，每一次的失败都是一次宝贵的经验积累。

3. 成功者的终身学习理念体现在对跨领域学习的重视上

成功者不局限于自己的专业领域，而是广泛吸收其他领域的知识，通过跨领域学习来提升自己的综合素质。他们相信，只有具备跨学科的知识背景和多元化的思维方式，才能在面对复杂问题时，提出更具创新性的解决方案。

成功者的终身学习理念不仅为他们个人的成长提供了持续的动力，也为他们所在领域的发展注入了新的活力。他们通过不断学习，不断创新，推动了所在领域的进步和发展，成了行业的引领者和佼佼者。

二、开启终身学习之旅，成就卓越人生

对我们而言，是否愿意开启终身学习之旅，是否愿意不断挑战自我，是否愿意为成长付出努力，是能否成就卓越人生的关键所在。

1. 树立终身学习的观念

我们要树立终身学习的观念，认识到学习是一生的事业，而非仅限于某个阶段的任务。将求知视作一种日常态度，一种促进个人成长的方式。唯有秉持此观念，我们方能在遭遇困境与挑战之际，维持学习的驱动力与热忱。

2. 制订学习计划，明确目标

制订一份切实可行的学习计划，清晰勾勒出我们的学习目标。这些目标可以聚焦于短期的技能强化，如学习新语种、精通某项技艺；亦可放眼长远的职业发展，如增强职场竞争力、实现职业道路的转变。明确的目标犹如指南针，引领我们保持学习的航向与动力。

3. 选择适合自己的学习方式

每个人的学习偏好各异，探寻契合自身的学习之道至关重要。有人偏爱沉浸书海，有人则热衷动手实践。通过尝试多样化的学习途径，我们能够发

掘出最适合自己的学习策略。同时，也可以借助当代技术工具，如网络课程、教育应用程序等，来辅助学习。

4. 建立学习社群，共享资源

加入学习社群，与志趣相投的伙伴并肩前行。在社群内，我们不仅能分享宝贵的学习资源，还能交流心得体会，彼此鼓舞，携手成长。这种共享的文化不仅拓宽了我们的知识边界，还加速了学习的步伐。同时，社群亦是结识行业精英、前辈的绝佳平台，他们的经验与指导将是我们宝贵的财富。

5. 保持耐心与毅力，持续学习

终身学习是一场马拉松，而非短跑。我们需要保持耐心与毅力，持续学习。在学习过程中，可能会遇到困难和挫折，但只要坚持下去，就一定能够取得进步。只有持续学习，才能不断提升自己的能力和竞争力。

终身学习是成为成功者的必经之路。通过树立终身学习的观念、制订学习计划、选择适合自己的学习方式、建立学习社群、保持好奇心、反思与总结以及保持耐心与毅力，我们可以开启终身学习之旅，成就卓越人生。

第二节　自我反思：成长中的深度复盘

成功者具备一种独特的自我提升机制——自我反思与深度复盘。这不仅是成功者攀登高峰的阶梯，也是每个普通人实现自我超越、成就非凡人生的必经之路。

杨澜，一个在媒体与商界都取得显著成就的女性，她的成功绝非偶然。在她的职业生涯中，自我反思与深度复盘成了她不断前行的动力源泉。她擅长在每段经历后进行深入的自我反思，审视自己的决策和行为，思考哪些做法带来了成功，哪些导致了失败。这种自我审视的习惯，让她能够及时调整策略，确保持续地成长和成功。

面对挑战和机遇，杨澜不仅进行简单的回顾，而且深入挖掘成功与失败的根本原因。她通过收集数据、分析案例、与同行交流等方式，全面了解项目的得失，从而制订出更为精准有效的策略调整方案。这种深度复盘的方法，让她在职业生涯中避免了重复的错误，同时也为她的成功奠定了坚实的基础。

一、成功者的自我反思与深度复盘

自我反思与深度复盘是通往卓越之路上不可或缺的伙伴。它们不仅是成长的催化剂，更是智慧累积的基石。杨澜的成功案例，展示了自我反思与深度复盘在个人成长中的重要性。她通过深入的自我反思和全面的深度复盘，实现了个人能力的不断提升和职业发展的持续进步。

成功者深知，每一次的失败与成功，都蕴含着宝贵的学习机会，而能否从中提炼出真正的价值，关键在于是否具备深刻的自我反思能力和有效的深度复盘技巧。

1. 自我反思：内心的镜照

自我反思，简而言之，是对自身行为举止、思维模式、情感状态及所作决定进行回溯与审视的过程。成功者习惯于在每次行动后，抽出时间静下心来，像一名旁观者一样审视自己的表现。他们不回避错误，也不盲目自大，而是以一种开放和诚实的态度，分析自己成功或失败的原因，从中汲取经验教训。

成功者的自我反思，往往伴随着深刻的自我觉察。他们深知，诸如情绪、心态等非逻辑因素，同样在决策质量上发挥着举足轻重的作用。因此，他们会留意自己在面对挑战时的情绪反应，是否过于乐观或悲观，是否受到了恐惧或贪婪的驱使。通过持续的自我觉察，他们掌握了更有效地调控自身情绪的方法，从而能够防止被情绪操控。

2. 深度复盘：精准解析与策略调整

深度复盘，则是将自我反思应用于具体情境的一种高级形式。它要求成功者在经历了一次事件或项目后，不仅回顾过程，更要深入分析每一个细节，包括策略选择、执行效率、资源分配、团队协作等各个方面。通过构建详尽的复盘框架，他们可以清晰地看到哪些地方做得好，哪些地方有待改进，从而制订出更为精准、有效的策略调整方案。

深度复盘的关键在于“深度”二字。它并非仅仅是对最终成果的浅尝辄止式回顾，也是对过程细节、产生原因、所造成影响以及未来可能走向的深刻剖析与挖掘。成功者善于运用SWOT（优势、劣势、机会、威胁）分析等工具，全面评估项目的各个方面，确保复盘结果既有深度又具广度。

3. 迭代优化：从经验中汲取力量

自我省察与深度总结的主旨，在于推动个人的持续精进与升级。个人成长之路，实则是不断试错、持续调适的历程。成功者通过不断的自我反思和深度复盘，积累了大量的实践经验，逐渐形成了自己独特的思维模式和行为习惯。这些累积的经验与养成的习惯，犹如珍贵的宝藏，助力他们在未来的征途上步伐更加坚实有力。

成功者在追求进步的过程中，尤为重视将所学智慧融入实践之中。他们深知，唯有将理论知识与实践操作紧密结合，方能真正锻造出解决问题的能力。因此，成功者总是乐于接受新的挑战，将每一次实践视为检验和提升自己能力的机会。

二、如何做到自我反思与深度复盘

尽管我们不可能都具有卓越的天赋和丰富的资源，但通过学习和实践自我反思与深度复盘的技巧，依然可以在个人成长的道路上取得显著的进步。

1. 培养反思习惯：从小事做起

我们应当培养自我反思的习惯，可以从日常生活的小事做起。例如，每天睡前花几分钟回顾当天的工作和生活，思考哪些事情做得好，哪些可以改进。这种简单的反思，虽然看似微不足道，但长期坚持，能够显著提高个人的自我觉察能力和决策质量。

为了更系统地进行反思，我们可以尝试制做反思日志或日记。在日志中记录每天的重要事件、自己的感受、决策过程及结果。时常翻阅这些记录，有助于我们更清晰地洞察成长足迹，发现潜在问题和提升空间。

2. 掌握复盘技巧：构建个人复盘框架

深度复盘可能对我们来说是一个新概念，但通过学习和实践，我们同样可以掌握这一技巧。我们可以从简单的项目或事件开始，尝试进行复盘。首先，明确复盘的目标和范围，然后收集相关数据和信息，包括项目背景、目标设定、执行过程、结果反馈等。

其次，运用复盘框架进行分析。我们可以根据自己的实际情况，构建适合自己的复盘框架。例如，可以从项目目标、策略选择、执行效率、团队协作、资源分配等维度入手，逐一分析项目的得失。

3. 制订改进计划：将反思转化为行动

自我反思和深度复盘的最终目标是促进个人的成长与发展。因此，我们应该根据反思和复盘的结果，制订具体的改进计划。改进计划应明确设定目标、步骤及时间表，以保障其切实可行与高效。

在制订改进计划时，务必全面考量自身的实际状况与资源限制。避免制订过于庞大和全面的计划，而应注重提升计划的精确度和可执行性。此外，还需保持耐心与坚韧不拔的精神，持续推动计划，并根据实际情况不断调整与优化。

4. 持续学习与成长：将反思与复盘融入生活

自我反思和深度复盘是一个持续的过程，需要持之以恒地努力。我们应将反思与复盘融入生活的各个方面，使其成为一种自然的习惯。无论是在工作、学习还是生活中，都应持续保持自我觉察和反思，不断寻找成长的机会和空间。

自我反思与深度复盘是个人成长的秘诀，也是我们实现自我超越的重要途径。通过不断学习和实践这些方法，我们同样可以在个人成长的道路上取得显著的进步，成为自己所在领域的佼佼者。

第三节 心态调整：面对挫折的成长韧性

在人生的旅途中，要想在风雨中屹立不倒，甚至在逆境中越发茁壮，关键在于拥有一种独特的心态调整能力——面对挫折的成长韧性。这种韧性不仅能帮助我们从失败中迅速恢复，更能让我们在逆境中汲取力量，实现自我超越。

李楠曾是一家知名企业的高级经理，拥有令人羡慕的职业地位和收入。然而，一场全球金融风暴猛然袭来，波及广泛，李楠所在的企业亦未能幸免，导致他不幸失业。面对这突如其来的沉重打击，李楠一度深陷困惑与绝望的泥潭之中。毕竟，失去工作不仅意味着经济来源的中断，更让他对自己的职业能力和人生价值产生了怀疑。

然而，李楠并没有就此沉沦。他深知，抱怨和消沉无法改变现状，唯有积极面对才能找到出路。于是，他利用失业的这段时间充实自己，提升自己的能力和技能。他报名参加了各种培训课程，学习新的知识和技能，同时也不断反思自己的职业规划和人生目标。

在谋求新职位的征途中，李楠遭遇了诸多阻碍。他投递了无数简历，却往往石沉大海。但他并没有气馁，而是坚持不懈地投递简历，积极参加各种面试机会。他还利用社交媒体和职业社交平台拓展人脉，寻求更多的职业机会。

经过持续的奋斗，李楠最终成功斩获了一份新的职业机会。这份工作不仅薪水比之前还要高，而且更符合他的职业规划和人生目标。在新的工作岗位上，他凭借扎实的专业技能和积极的工作态度，迅速获得了同事和上级的认可。

一、面对挫折的成长韧性

挫折是成长道路上不可或缺的一部分。我们不能一味地规避或否认挫败的存在，而是要勇敢地面对它，接受它。这种接受不是被动的忍受，而是一种积极的认同。我们要明白，挫折是推动成长的驱动力，是通往成功的必经之路。

李楠的经历展示了在逆境中保持积极态度和持续行动的重要性。他没有因失业而放弃，而是选择了勇敢面对现实，积极寻找解决方案。凭借持续学习与不懈努力，他最终摆脱了困境，实现了自我价值的飞跃。

接纳挫折，使成功者能够保持冷静与理智，避免被失控的情绪左右，从而作出明智的抉择。他们明白，每一次挫折都是一次学习和成长的机会，因此，他们不会让挫折击垮自己，而是勇敢地面对它，从中汲取力量。

1. 极强的反思与学习能力

成功者不会沉溺于失败的情绪中，而是迅速进行反思，深入分析失败的原因，找出问题的根源，并从中吸取教训。这种反思不仅限于失败本身，还包括对自我认知、决策过程、团队协作等方面的全面审视。通过反思，成功者能够不断提升自身的认知水平与决策能力，为未来的成功打下坚实的基础。他们明白，失败并不可怕，真正可怕的是畏惧失败，拒绝从失败中吸取教训。

2. 极强的调整与适应能力

面对挫折，成功者能够依据其性质与程度，灵活地调整自己的心态与行动方针。他们不会墨守成规，而是勇于探索新的应对策略，勇于尝试多样化的途径。这种灵活性和适应性，让成功者能够在逆境中迅速找到突破口，实现自我救赎。他们明白，面对挫折最重要的是保持冷静和理智，寻找解决问题的方法，而不是一味地抱怨和指责。

成功者始终保持对成功的坚定追求。他们坚信，只要持之以恒、锲而不舍，最终肯定能够克服困难，达成既定目标。这种信念不仅给予他们精神上的支撑，还激励他们在逆境中保持积极向上的态度。即使在最艰难的时刻，成功者也不会放弃对成功的追求，而是会继续努力，直到目标达成。他们懂得，成功需要付出努力和坚持，而挫折只是成功路上的一个小插曲。

成功者通常将挫折视为成长的契机。通过面对挫折，他们不断提升自己的能力和素质。在挫折中，他们学会了坚韧不拔、勇往直前；在失败中，他们汲取了智慧，积累了经验。他们明白，只有不断面对挫折、接受挑战，才能不断提升自己的能力和素质。

二、如何培养面对挫折的成长韧性

在挫折面前，我们往往容易陷入消极情绪，甚至一蹶不振。然而，通过学习和借鉴以上的心态调整方法，我们同样可以培养出面对挫折的成长韧性，实现自我超越。

1. 正视挫折，接纳现实

我们必须学会正视挫折，接纳现实。面对失败时，切勿逃避或否认，而应勇敢地正视它，承认其存在。正视挫折有助于我们保持冷静与理智，防止因情绪波动而作出草率的决策。同时，接纳现实也是自我成长的第一步，只有真正认识到自己的不足和失败的原因，我们才能有针对性地进行改进和提升。

2. 积极反思，吸取教训

经历挫折后，我们应积极地进行自我反省，从中吸取教训。不应沉溺于失败的阴霾中无法自拔，而应深入剖析失败的本质，追溯问题的真正源头。通过这样的反思，我们能够增强自身的认知力与决策力，为日后的成功奠定坚实的基础。同时，反思亦是一个自我洞察的过程，它让我们更清晰地认识自己，明确自己的优势与劣势，进而有针对性地实施改进与提升。

3. 调整心态，保持积极

面对挫折，我们要学会调整心态，保持积极。不要因一时的失败而失去信心，而要相信自己有能力战胜困难，实现目标。通过保持积极的心态，我们能够激发内在的潜力，提升应对挫折的能力。同时，积极的心态也有助于缓解压力和焦虑，让我们更加从容地面对挫折带来的挑战。

4. 制订计划，持续努力

遭遇挫折之际，我们需规划出具体的行动蓝图，并坚持不懈地付诸实践。应依据个人的实际情况与既定目标，制订出行之有效的计划，并着手实施。在践行计划的过程中，需保持充分的耐心与坚韧的毅力，不断攻克难关，适时调整策略。同时，还需学会定期审视自身的进展与成果，及时发现存在的问题并着手改进。经由持续不懈的努力，我们能够逐步提升个人的能力与素养，实现自我超越与蜕变。

5. 培养韧性，迎接未来

我们要培养面对挫折的成长韧性。韧性是一种内在的力量，它让人们在逆境中保持坚强和自信。通过不断面对挫折、接受挑战，我们能够逐渐培养出这种韧性。当再次遭遇挫折时，就能够更加从容地应对它，甚至将其转化为成长的契机。同时，韧性也是一种宝贵的人生财富，它让我们在面对未来的挑战时更加自信和从容。

面对挫折时，我们要学会接纳现实、积极反思、调整心态、制订计划并持续努力。通过这些方法的培养和实践，我们同样可以拥有面对挫折的成长韧性，实现自我超越和成长。

第四节 时间管理：走向成功的效率秘籍

在这个飞速发展的时代，时间已经成为衡量成就的重要标准。精通时间管理的成功者不仅知道如何高效地使用时间，还能在有限的时间内创造出更多的价值。

杨绛，不仅是我国文学界的璀璨明珠，她的时间管理智慧同样值得我们学习。她的一生，是对知识无尽追求和对时间高效利用的典范。杨绛清晰地设定了生活重心，专注于读书、写作与学术研究，将时间花在最有价值的事情上。她合理规划时间，每天固定时段沉浸于知识的海洋中，同时注重工作与休息的平衡，以保持充沛精力。

在生活中，杨绛追求简约，避免无谓的时间消耗，将更多时间投入自我提升。她善于利用碎片化时间阅读和思考，将时间视为最宝贵的财富。面对生活中的挑战，杨绛保持一颗豁达的心，从容不迫地应对，这种态度让她在逆境中也能高效利用时间，解决问题，继续前行。

杨绛的时间管理哲学不仅体现在她的学术研究中，更贯穿于她的整个日常生活。她珍惜与家人朋友的相处时光，同时也注重个人的成长与提升。

一、成功者的时间管理理论

杨绛的时间管理智慧包括：明确生活重心，合理规划时间，追求简约生活，保持豁达心态。这些原则不仅适用于学术研究，同样适用于每个人的日常生活和工作，能帮助我们更好地规划时间，提高生活质量和工作效率。

1. 目标导向：明确的目标是成功的前提

成功者的时间管理始终以清晰、明确的目标为导向。他们深知，没有明确的目标，时间就像一盘散沙，无法凝聚成强大的力量。因此，他们会根据自己的长远发展制定策略，确立短期、中期及长期目标，并将这些目标分解为具体、可衡量的任务。这些任务不仅有助于他们保持方向感，还能让他们在时间管理上有更清晰的规划。

2. 优先级排序：区分重要与紧急

成功者的时间管理艺术体现在他们擅长区分任务的重要性和紧急性。并非所有任务都需要立即处理，而是要根据任务的价值和紧迫程度，进行优先级排序。通过这种优先级排序，成功者可以确保自己始终关注最重要的事情，避免被琐碎的事务困扰。他们懂得，只有将时间和精力集中在高价值任务上，才能创造出更大的价值。

3. 批量处理：提高效率的关键

成功者擅长运用批量处理技巧，将相似或相关的任务集中在一起处理。这种方法能够有效缩减任务转换所带来的时间损耗，进而提升工作效率。例如，他们可能会将邮件回复、电话沟通、会议安排等任务安排在特定的时间段内集中处理，以避免频繁打断工作流程。

4. 休息与恢复：保持高效的关键

持续高强度的工作会消耗大量的精力和注意力，导致工作效率下降。因此，成功者注重工作与休息的平衡，合理安排休息时间，以恢复体力和精神。他们会利用短暂的休息时间进行冥想、散步或做简单的伸展运动，以缓解疲劳，提高注意力。

同时，成功者还懂得适时放手，避免过度追求完美。他们明白，完美主义往往会导致时间浪费和效率降低。因此，他们会在保证工作质量的前提下，尽量简化工作流程，减少不必要的细节处理。

5. 自我反思与调整：持续优化时间管理策略

成功者的时间管理并非固定不变，而是能够随着周遭环境与个人需求的变动而灵活调整。他们会定期回顾自己的时间管理策略，分析哪些方法有效，哪些需要改进。通过自我反思，他们能够不断优化时间管理策略，以适应新的挑战和机遇。

此外，成功者善于从他人身上学习。他们会关注行业动态，了解时间管理的新方法和工具，并将其融入自己的时间管理策略中。这种持续学习和调整的态度，让他们始终保持在时间管理的前沿。

二、如何提升时间管理技能

提升时间管理的技能并非遥不可及。通过学习时间管理理论，并结合个人实际情况，我们同样能够逐步增强自己的时间管理技能，逐步走向成功。

1. 设定明确的目标与计划

我们需要确立清晰的目标与策略。这包括长远目标和短期目标，以及为实现这些目标而设计的详尽策略。目标应遵循明确的指导原则，即具体、可量化、可实现、相关性强以及具有时效性。策略则需要详细规划出实现目标所需的具体步骤和时间表。

2. 学会区分任务的优先顺序

掌握任务的轻重缓急是至关重要的。这要求我们具备清晰的判断力，能够准确评估任务的价值和紧迫程度。通过艾森豪威尔矩阵等工具，我们可以将任务分为四类，并根据优先级进行排序。

在处理任务时，保持专注力至关重要，要避免被琐事干扰。对于重要且紧急的任务，我们需要立即处理；对于重要但不紧急的任务，我们需要制订计划，逐步推进；对于紧急但不重要的任务，我们可以委托他人处理或简化处理流程；对于不重要且不紧急的任务，我们可以选择忽略或推迟处理。

3. 培养批量处理任务的习惯

为了提高工作效率，我们需要培养批量处理任务的习惯。这包括将相似或相关的任务集中在一起处理，以及利用时间块技术将一天的时间划分为多个固定长度的时间块。通过这种方法，我们能降低任务转换造成的时间损耗，进而提升工作效能。

4. 合理安排休息与恢复时间

为了提高工作效率，我们还需要合理安排休息与恢复时间。这包括利用短暂的休息时间进行冥想、散步或做简单的伸展运动，以缓解疲劳和提高注意力。同时，我们还需要避免过度追求完美和过度工作。通过适时放手和简化工作流程，我们可以减少不必要的时间浪费和精力消耗。

5. 持续反思与调整时间管理策略

我们需要持续反思与调整时间管理策略。这包括回顾自己的时间管理表现，分析哪些方法有效、哪些需要改进，并根据实际情况进行调整。通过持续反思和调整，我们能够不断完善个人的时间管理方案，从而更好地应对新的考验与机遇。

通过设定明确的目标与计划、学会区分任务的优先顺序、培养批量处理任务的习惯、合理安排休息与恢复时间以及持续反思与调整时间管理策略等方法，我们可以逐步提高自己的时间管理能力。

第五节　领导力：成为成功者的关键要素

在各行各业中，总能发现一些出类拔萃的成功者，他们不仅在自己的领域内有着深厚的造诣，更具备一种独特的领导力，能够引领团队，激发潜能，成就非凡。这种领导力，也是成功者区别于普通人的关键要素。

顺丰速运的崛起，离不开其创始人王卫的领导力。他秉承“客户至上，服务第一”的理念，带领顺丰团队不断提升服务质量，优化物流网络，赢得了客户的广泛信赖。

王卫“以人为本”的管理智慧，激发了顺丰团队的潜能。他注重员工的成长和发展，提供丰富的培训和发展机会，使得顺丰团队士气高昂，凝聚力强。这种领导风格，为顺丰的快速发展提供了坚实的人才基础。

王卫对行业趋势的敏锐洞察和前瞻布局，也是顺丰成功的关键。他敏锐地意识到智能化、数字化将是物流行业的未来趋势，因此带领顺丰积极拥抱科技，投入大量资源进行技术研发和创新。这种前瞻性的战略眼光，使得顺丰在激烈的市场竞争中始终保持领先地位。

此外，王卫勇于担当的责任感，也为顺丰树立了良好的社会形象。他带领顺丰积极参与公益事业，注重企业的环保和可持续发展，展现了企业家的高尚品质。

可以说，王卫的领导力是他成为行业精英的关键要素。他坚定的信念、“以人为本”的管理理念、前瞻性的战略眼光以及勇于担当的责任感，共同引领顺丰速运在快递行业中不断前行，成为行业的领军企业。

一、领导力的特征

1. 高远的视野与目标

成功者往往具备高远的视野，他们能够看到行业的未来趋势，把握时代脉搏。他们不仅关注眼前的问题，更善于从全局出发，思考长远的发展。正是这种高远的视野，使得成功者能够在纷繁复杂的环境中保持理智，作出恰当的抉择。

同时，成功者还会为自己和团队设定清晰、具体的目标。这些目标不仅具有挑战性，而且与个人的价值观和团队的愿景紧密相连。他们深知，目标是行动的指南，是激发团队潜能的关键。因此，他们总是能够带领团队朝着共同的目标前进。

2. 卓越的沟通与协调能力

成功者具备卓越的沟通与协调能力，他们能够与不同背景、不同性格的人建立良好的关系，化解冲突，达成共识。沟通是团队协作的基石，只有有效的沟通才能确保信息的准确传递和团队的高效运作。

在沟通中，成功者善于倾听他人的意见和想法，尊重他人的观点和立场。他们懂得，真正的沟通不是单向的灌输，而是双向的互动。通过倾听和尊重，成功者能够深入了解团队成员的需求和期望，从而更好地激发他们的潜能。

此外，成功者还擅长协调各方面的资源，确保团队的顺畅运作。他们懂得如何调动团队的积极性，如何分配任务，如何监督进度，以确保项目的顺利完成。

3. 坚定的信念与毅力

成功者具备坚定的信念和毅力，他们对自己的目标和理想有着执着的追求。在遭遇艰难险阻之时，顶尖人物从不轻易言败，而是坚守信念，奋勇向前。他们深知，成功往往属于那些坚持不懈、勇于挑战的人。

成功者的毅力还体现在他们对团队的激励上。他们总是能够以身作则，通过个人实际行动为团队树立典范。当团队面临困境时，成功者会鼓励团队成员保持信心，共同克服困难。他们深知，团队的斗志是胜利之钥，保持士气高昂，才能攻克任何难关。

4. 持续的学习与创新精神

成功者具备持续的学习和创新精神，他们善于从书本、实践、他人经验中获取知识养分，持续扩展自己的视野与思维方式。成功者深知，深刻理解是成长之基石，持续学习才能与时俱进，紧跟时代步伐。

与此同时，他们还拥有强烈的创新意识。敢于突破传统束缚，勇于探索新颖的方法与思路。他们深知，创新是驱动团队前行的不竭源泉，只有不断革新才能在激烈的市场角逐中屹立不倒。

二、如何培养领导力

领导力并非与生俱来，而是通过后天的不懈努力和精心培养逐渐形成的。

1. 拓宽视野，设定宏伟目标

要想具备领导力，首先要拓展自己的视野。

（1）掌握行业最新动态和趋势。通过阅读专业书籍、参与行业会议、关注行业新闻等手段，不断丰富自己的知识储备与视野。

（2）设定宏伟的目标。这些目标不仅要充满挑战，而且要与个人的价值观和团队的使命紧密相连。确立目标后，须制订详细的方案与步骤，确保目标的实现。

2. 提升沟通与协调能力

沟通与协调技巧是领导力中不可或缺的一部分。

（1）学会倾听：在交流中，需懂得倾听他人的意见和感受，尊重他们的观点和立场。通过悉心聆听，可以深入了解他人的需求与期盼，从而更有效地满足这些需求。

（2）表达清晰：在沟通时，要能够用清晰、确切的语言表达自己的观点与想法，避免使用模糊不清的表述，以减少误解。

（3）善于协调：在面对冲突和分歧时，要善于协调各方面的利益和需求，寻求共识和解决方案。通过协调，可以化解矛盾，促进团队的和谐与稳定。

3. 培养坚定的信念与毅力

坚定的信念和毅力是领导力的核心。

（1）明确目标：为自己设定清晰、具体的目标，并为之付出努力。在追求目标的过程中，要坚定信念，保持毅力，勇敢面对困难和挑战。

（2）勇于挑战：敢于迎接挑战与困境，不断磨砺自己的意志与毅力。通过挑战与困境的洗礼，能够锤炼出更加坚韧的意志品质，增强自身的抗压能力。

（3）保持积极心态：在面对挫败与失利时，须保持积极与乐观的心态。

坚信自己有能力克服困难，取得成功。

4. 持续学习与创新

持续学习与创新是领导力的基石。

（1）保持好奇心：保持对新知识和技能的好奇心，不断拓展个人的知识和技能范围。通过学习和实践，不断提升自己的综合能力和素质。

（2）勇于创新：敢于尝试新的方式与策略，勇于打破常规和限制。通过创新，可以推动团队不断向前，取得更大的成就。

（3）反思与总结：在学习和创新的过程中，要不断反思和总结自己的经验和教训。通过反思和总结，可以察觉自身的不足，不断改进和提升，增强个人能力。

5. 培养影响力

除了以上几个方面，培养影响力也是成为成功者的关键。

（1）身先士卒：通过自己的行动为团队树立榜样。通过展现个人的能力与品格，赢得团队成员的尊重和信任。

（2）关注团队成员：关注团队成员的需求和期望，了解他们的优点和不足，并给予适当的支持和帮助。通过关心团队成员，增强团队的凝聚力与向心力。

（3）建立信任关系：与团队成员建立信任关系，通过坦诚的沟通和合作来增强彼此之间的信任。信任是团队协作的基石，有了稳固的信任，才能确保团队的顺畅运作和高效协作。

领导力不是一朝一夕形成的，而是需要经过长期的勤奋努力和精心培养，方能逐渐显现。我们必须从多个方面提升自己的领导力，并结合新的策略和方法，不断提高自己的综合能力和素质。只有这样，才能在激烈的市场角逐中脱颖而出，成为真正的行业领导者。